钢筋混凝土柱二阶弹塑性计算方法研究

陈　旭　周东华　著

科学出版社

北　京

内 容 简 介

本书内容涉及钢筋混凝土截面和构件的承载力计算，在截面层次考虑材料非线性，在构件层次考虑材料和几何的双重非线性。通常此类计算只能借助计算机进行数值迭代计算，而本书则是用解析的方法进行推导，无须迭代便得到一些非常实用的计算结果，如“环形截面配筋计算表”、“圆形截面的计算图表”和考虑二阶效应的钢筋混凝土柱配筋计算的“手算设计的诺模图”等。这些图表均为无量纲形式，利用图表便能解决相关的计算问题，既新颖又实用。书中内容是在混凝土结构设计理论的解析计算方面做出的一些努力和尝试，可为其今后的发展提供一些参考和借鉴。

本书可供从事钢筋混凝土结构设计、施工等工作的工程技术人员使用，也可作为研究人员及高等院校相关专业师生的参考书。

图书在版编目(CIP)数据

钢筋混凝土柱二阶弹塑性计算方法研究 / 陈旭，周东华著. —北京：科学出版社，2017. 3

ISBN 978-7-03-051924-5

Ⅰ. ①钢…　Ⅱ. ①陈…　②周…　Ⅲ. ①钢筋混凝土柱-二阶-弹塑性-计算方法-研究　Ⅳ. ①TU375. 3

中国版本图书馆 CIP 数据核字(2017)第 039876 号

责任编辑：杨向萍　张晓娟 / 责任校对：桂伟利

责任印制：张　伟 / 封面设计：左　讯

科学出版社 出版

北京东黄城根北街 16 号

邮政编码：100717

http://www.sciencep.com

北京教图印刷有限公司 印刷

科学出版社发行　各地新华书店经销

*

2017 年 3 月第　一　版　　开本：720×1000　B5

2018 年 8 月第四次印刷　　印张：10　1/2

字数：211 000

定价：85. 00 元

(如有印装质量问题，我社负责调换)

前　　言

随着混凝土结构的高度和高宽比的增加，结构的重量也在增加，而横向刚度则在相对减弱，导致横向变形增大。在横向变形产生的同时，结构上的重力荷载位置随之发生了移动，由此会产生附加内力和附加变形，使结构的内力和变形增大，即产生了二阶效应。二阶效应使结构的内力增大，即导致结构的承载力降低；同时，使结构的变形增大，即导致结构的刚度降低。工程设计中二阶效应多为有限元软件计算，为整体分析，材料为弹性，计算的附加变形偏小。若要考虑材料非线性，如混凝土开裂和受压的非线性本构关系、钢筋的屈服等，计算将极为耗时，常会出现迭代收敛困难，以致难以准确捕捉结构真实的极限承载力。所以，同时考虑双重非线性（二阶的几何非线性和材料非线性），在目前及今后很长一段时间内都难以进入实用阶段。为此，本书尝试以解析的手段来寻求解决此类问题的方法。

20 世纪至今，国内外众多学者对混凝土结构二阶效应展开了大量理论和试验研究，如德国 Quast 教授和重庆大学白绍良教授研究团队。本书对混凝土柱二阶效应计算的解析法和数值法做了一定深度的研究，达到用简单易行的方法和手段来解决柱的强度和稳定承载力计算的目的。全书共 8 章，第 1 章为绪论；第 2～4 章是考虑材料非线性的截面分析，包括截面承载力和反映截面弹塑性关系的轴力、弯矩和曲率分析；第 5～7 章是考虑双重非线性的梁-柱分析；第 8 章为总结。

书中的计算方法采用 Matlab 软件实现，从算法到编程均由作者完成，数据图通过 Origin 软件绘制。计算方法的正确性或可靠性可由计算结果在规律上所反映出的合理性来判断，而且令人惊讶和兴奋的是，本书的计算结果与我国 20 世纪 70 年代以来开展的部分试验结果相当吻合。书中的数据均由计算所得，未作任何修改。2.5 节由昆明理工大学周东华教授撰写，其余部分由陈旭撰写，最后由周东华教授统一定稿。

本书的研究工作得到了国家自然科学基金地区科学基金项目（51668027，51468026，51268022）、昆明学院人才引进计划（YJL16010）、以及昆明理工大学的资助，在此表示衷心的感谢！另外，本书在撰写过程中，得到了许多评审专家给出的意见、建议、关心和鼓励，让作者学习、受益和感动，借此表示衷心地感谢！最后，感谢昆明学院城建学院的徐从发书记和莫南明院长等领导给予的殷切关怀和鼓励。

限于时间，本书的内容还不够完善。书中不足之处，恳请读者批评指正。

陈　旭

2017 年 3 月

目　　录

主 要 符 号

A_s	钢筋的面积
a	混凝土合力至截面上边缘的距离
a_s	纵向钢筋受力点与截面近边缘之间的距离
b	矩形截面的宽度
C_m	等效弯矩系数
c	截距
$\mathrm{d}\delta$	挠度偏差
E	钢材的弹性模量
E_s	钢筋的弹性模量
e	混凝土合力至形心轴的距离
e_0	初始偏心距
e_1	一阶偏心距
e_2	二阶偏心距
e_a	附加偏心距
e_{tot}	总偏心距
f_c	混凝土抗压强度设计值
f_y	钢筋抗拉(压)强度设计值
H_w	工字形钢截面的腹板高度
h	矩形截面的高度
h_w	工字形钢截面的无量纲的腹板高度
I	惯性矩
i	节点编号

in	跨中的节点编号
k	斜率
k_a, k_d	确定截面混凝土合力位置时引用的参数
k_x	中性轴的位置系数
k'_x	钢截面的纯弯曲受压区高度系数
k_{x1}	钢截面的受压塑性区高度系数
k_{x2}	钢截面的受拉塑性区高度系数
k_{xy}	弹性极限纯弯曲受压区高度系数
k_{xpl}	单侧塑性极限纯弯曲受压区高度系数
k_{xpc}	双侧塑性极限纯弯曲受压区高度系数
l	柱子的长度
l_0	柱子的计算长度
M	弯矩
M_1	一阶弯矩
M_2	二阶弯矩
M_c	混凝土的弯矩
M_s	钢筋的弯矩
M_{tot}	总弯矩
M_u	极限弯矩
M_y	钢截面在纯弯状态下边缘纤维恰好屈服时的截面弯矩
m	无量纲弯矩$\left(m=\dfrac{M}{bh^2 f_c}\right)$
m_1	无量纲的一阶弯矩
m_2	无量纲的二阶弯矩
m_{cr}	无量纲的开裂弯矩
m_{pl}	钢截面的无量纲的单侧塑性极限弯矩
m_{pc}	钢截面的无量纲的双侧塑形极限弯矩

m_{tot}	无量纲的总弯矩
m_u	无量纲的极限弯矩
m_y	无量纲的屈服弯矩
N	轴力
N_c	混凝土的轴力
N_s	钢筋的轴力
N_E	柱子的弹性屈曲荷载
N_u	极限轴力
N_y	钢截面轴压屈服时的轴力
n	无量纲轴力/轴拉比/轴压比$\left(n=\dfrac{N}{bhf_c}\right)$
n_y	轴压应变为$-\varepsilon_y$时的无量纲的截面合力
n_c, n_{c1}, n_{c2}	混凝土的无量纲的合力
n_s	钢筋混凝土截面下部钢筋的无量纲的合力
n_{s1}	钢筋混凝土截面上部钢筋的无量纲的合力
R_0	旋转点
r	圆形截面的半径
r_s	圆形截面等效钢环的半径
r_ϕ	曲率半径
T	工字形钢截面的翼缘宽度
T_w	工字形钢截面的腹板宽度
t	工字形钢截面的无量纲的翼缘宽度
t_w	工字形钢截面的无量纲的腹板宽度
U	钢筋混凝土截面的弯矩-曲率关系曲线上的极值点
u	杆件的特征系数
x_c	混凝土受压区高度
$\bar{x}$	局部坐标

Y	挠度
y	无量纲的挠度
Z	长度坐标
z	无量纲的长度坐标
α_c, α_d	确定截面混凝土合力时引用的参数
Δ	加载间隔
ΔZ	分段的间隔
ε	应变
ε_0	轴心抗压极限应变设计值
ε_c	混凝土截面的上边缘应变
ε_{cl}	混凝土截面的下边缘应变
ε_{cu}	混凝土截面极限压应变设计值
ε_r	距离截面下边缘 $\frac{20}{33}h$ 位置的混凝土应变
ε_s	钢筋混凝土截面的下部钢筋应变
ε_{sl}	钢筋混凝土截面的上部钢筋应变
ε_y	钢筋屈服应变设计值
ε_c	钢截面的受压区应变
ε_t	钢截面的受拉区应变
η_{ns}	弯矩扩大系数
θ	转角
λ	长细比
μ	计算长度系数
μ_ϕ	曲率延性系数
ζ_c	曲率修正系数
ρ	配筋率
σ	应力

σ_c	混凝土的应力
σ_s	钢筋混凝土截面的下部钢筋应力
σ_{s1}	钢筋混凝土截面的上部钢筋应力
Φ	曲率
ϕ	无量纲曲率($\phi=h\Phi$)
ϕ_c	柱子跨中截面的无量纲的曲率
ϕ_{cr}	无量纲的开裂曲率
ϕ_{max}	无量纲的曲率最大值
ϕ_{pl}	钢截面的无量纲的单侧塑性极限曲率
ϕ_{pc}	钢截面的无量纲的双侧塑形极限曲率
ϕ_u	无量纲的极限曲率
ϕ_y	无量纲的屈服曲率
φ	稳定系数
ω	截面的强度配筋率$\left(\omega=\frac{A_s f_y}{bhf_c}\right)$

第1章 绪　　论

1.1 混凝土结构的二阶分析

1.1.1 结构的稳定问题

极限承载力是结构设计中所要考虑的重要的极限状态。按照我国《工程结构可靠性设计统一标准》(GB 50153—2008)[1]，承载能力极限状态可能是由于下列的结构破坏而达到的，包括：结构因超过材料强度而破坏，或者因过度变形而不适于继续承载；整个结构或结构的一部分作为刚体失去平衡；结构转变为机动体系；结构或结构构件丧失稳定；结构因局部破坏而发生连续倒塌。

在承载能力极限状态，这些众多的破坏情况可以归结为材料强度破坏和失稳破坏两个主要类型[2]，强度和稳定验算也一直是国内外各大规范的主要内容。通过合理的设计，材料破坏可以是延性的，可以给人们一个足够的逃亡时间。而混凝土结构的失稳破坏，破坏部位往往发生在竖向承重构件上，结构稳定破坏前的变形可能很小。失稳破坏可能是结构几何形状的突然改变，导致结构完全丧失承载能力而整体塌落，因而结构设计中必须避免失稳破坏的发生。

混凝土结构结合了钢(强度高)和混凝土(抗压强度高、价格低、截面可以做得更大、刚度大、稳定性好)两种材料的优点，其稳定破坏问题不像钢结构那么突出。然而当今高强度材料应用更加广泛，《混凝土结构设计规范》(GB 50010—2010)[3](以下简称《混凝土规范》)与《混凝土结构设计规范》(GB 50010—2002)[4]间很大的差别在于材料的变化，即混凝土强度等级的逐步提升和钢筋高强-高性能的发展趋势。这样柱子可以做得更加细长，细长的柱子还可以满足建筑的审美要求和提高空间利用率的需求。因此，对混凝土结构，尤其是大跨度和高层结构，由稳定条件控制的极限状态也更为常见。

除了单一由失稳引起的结构破坏，很多钢筋混凝土结构倒塌事故往往是多种因素叠加共同作用的结果。例如，结构在风荷载或地震作用下产生水平位移，水平位移又在重力荷载作用下放大，产生附加位移(二阶效应、稳定问题)，最终引起结构的失稳、倒塌。1970 年，已建成 7 年的美国弗吉尼亚州塔克高中体育馆突然倒塌，原因是设计时仅进行了稳定分析，而未考虑混凝土徐变对结构稳定的影响[5]。进行结构分析和研究时应尽可能多地考虑各种复杂工况的共同作用，其前提是对每一种情况都要分析并理解清楚，因此有必要对混凝土结构的稳定问题进行深入分析和研究。

1.1.2 稳定的含义

力学平衡是结构必须遵循的基本准则，稳定是对平衡状态性质的一种描述[6]。通常可以用“稳定”“不稳定”和“随遇”三个词来描述平衡状态。当稳定平衡时，给小球一个扰动，小球能够回到初始位置，并继续保持平衡[图 1.1(a)]；当不稳定平衡时，给小球一个扰动，小球不能够回到初始位置[图 1.1(b)]；当随遇平衡时，给小球一个扰动，小球不能回到初始位置，但仍然保持平衡[图 1.1(c)]。

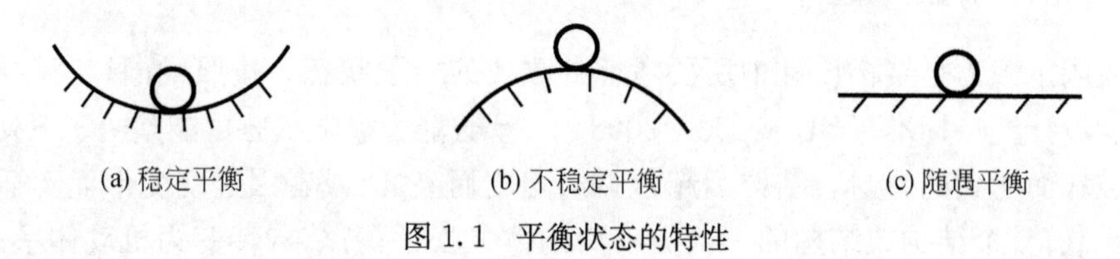

图 1.1 平衡状态的特性

人们都期望结构的平衡是稳定的，这就需要找到稳定与不稳定的临界点。当结构的荷载作用于这个临界点之内，那么结构保持稳定平衡。对于某些构件（如细长柱）来说，这个临界点就是极限承载力。

1.1.3 二阶效应的概念

通常的强度问题是按照未变形的结构位置建立变形协调方程和平衡方程，也称为一阶分析。稳定分析[7]是按照变形后的结构位置建立变形协调和平衡方程，也称为二阶分析。

对于轴力较小的构件（如梁）或杆长较短的构件（如长细比较小的柱），其横向挠曲变形对于结构内力的影响可以忽略不计，即以结构未变形的状态来建立平衡方程，由此得到的内力为一阶内力。

在结构变形后的状态基础上建立平衡关系，由此得到的内力为二阶内力，即含有挠曲变形引起的附加内力（附加弯矩和剪力）。短柱的挠曲变形小，由变形引起的附加内力也小，可以忽略不计，但细长柱的挠曲变形大，由变形产生的附加内力不能忽略。由于附加弯矩为挠曲变形和与之相应的轴力之积，而挠曲变形是非线性的，所以附加弯矩也是非线性的，也就是说，荷载与二阶内力呈非线性关系，即常说的二阶效应（second order effects）。

效应是指在荷载、温度等作用下结构的反应，如内力、位移，那么二阶效应指的是按照变形后的体系分析得到的附加反应，如二阶挠度、二阶弯矩。

计算二阶内力的关键是计算二阶挠度，只有少数静定结构在简单荷载作用下才能得到二阶挠度的解析解，通常情况需逐步计算附加挠度的系列增量，将其叠加后再与一阶挠度相加便得到二阶挠度。二阶挠度(弹性)的计算常常是费时和困难的。若再考虑材料可能出现的非线性而导致结构刚度的改变,二阶挠度的求解就更为困难。

1.1.4 二阶效应的分类

1. P-δ 效应

P-δ 效应是竖向荷载对结构产生的额外的局部弯曲变形,也称为挠曲二阶效应。以等偏心受力的两端铰支柱为例,如图 1.2(a)所示。柱在初始弯矩 Ne_1 作用下将产生初始变形,轴力的存在使得变形进一步加大,只要柱的内部抵抗弯矩(抗弯刚度与曲率的乘积)小于弯矩作用,柱的弯曲将不断加大。弯曲的增加会带来两个结果:一是曲率的增加;二是抗弯刚度的减小。两者相乘使得内部抗力增加①。当内部抵抗弯矩等于弯矩作用时,柱处于稳定平衡状态。此时,柱中间截面的总弯矩作用为 $N\delta$,二阶弯矩为 $N\delta - Ne_1$,二阶挠度为 $\delta - e_1$。

2. P-Δ 效应

P-Δ 效应是竖向荷载对楼层结构相对侧移产生的附加变形,也称为重力二阶效应,《欧洲混凝土结构设计规范》(EN1992-1-1)(以下简称为《欧洲规范 2》)[8,9]也称为整体二阶效应(global second order effects)。以单层刚架为例[图 1.2(b)],刚架变形的过程与 P-δ 效应相似,也是一个位移逐步递增直至最后平衡的过程。但两者存在本质上的差别:P-δ 效应仅与轴力 N 有关,而 P-Δ 效应是在轴力 N 和水平力 H(风荷载或地震作用)共同作用下产生的。

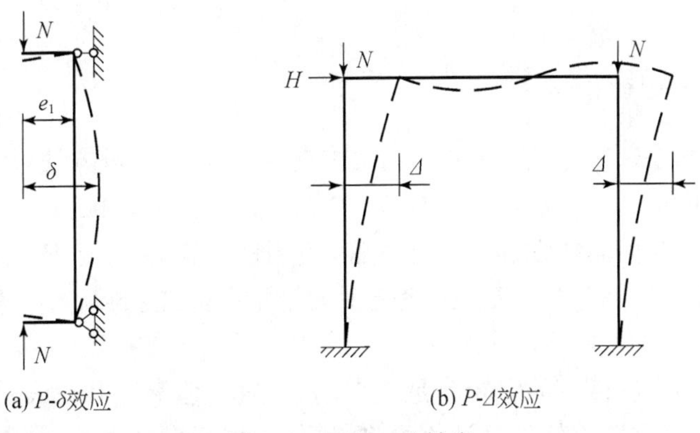

(a) P-δ效应　　(b) P-Δ效应

图 1.2 两种二阶效应

① 在极限荷载的范围内,增加的曲率和减小的抗弯刚度相乘后得到的内部抗力仍然是增加的。

3. 两种二阶效应的比较

在有侧移的结构中既有 $P\text{-}\Delta$ 效应，也有 $P\text{-}\delta$ 效应，但 $P\text{-}\delta$ 效应相对较小，常忽略不计，所以只考虑 $P\text{-}\Delta$ 效应[10]。在无侧移的结构中，楼层处的侧移很小或无侧移，层间变形（局部弯曲变形）就显得突出，即 $P\text{-}\delta$ 效应比较明显，这时就需要加以考虑。换言之，在有侧移结构中只考虑 $P\text{-}\Delta$ 效应，而在无侧移结构中只考虑 $P\text{-}\delta$ 效应。

1.1.5 主要计算方法

目前，结构稳定设计方法仍然是通过两个步骤完成，即结构分析＋截面设计。结构稳定分析是通过考虑变形对体系的影响来计算内力和位移，主要有以下三种方法来计算二阶效应，如图 1.3 所示。

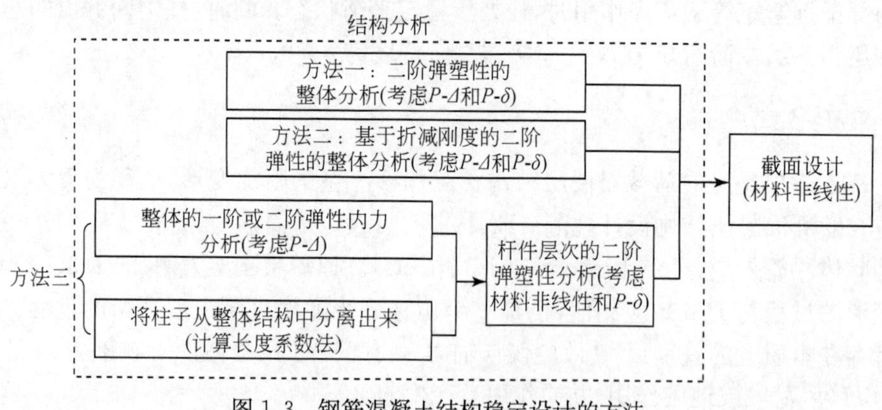

图 1.3　钢筋混凝土结构稳定设计的方法

1. 二阶弹塑性的整体分析

对于重要和复杂的结构，可采用二阶弹塑性的整体分析方法（图 1.3 中方法一），这也是精度最高的方法，《欧洲规范 2》将该方法称为“general method”。这一方法同时考虑了几何非线性和材料非线性，适用性广泛，能用于任意的截面类型、荷载条件、边界条件、应力-应变关系等各种复杂情况，可能的制约因素是计算机的性能。

如此强大的方法存在的弊端就是效率不高、通用性不强和对设计人员有较高的要求，结果的可靠性与软件的计算模型、构件破损程度的衡量、离散尺度等因素有关，存在较多的人为因素和经验因素。

此外，荷载和位移的关系不再是线性叠加原理失效，在确定结构的作用效应时，应考虑重要性系数、安全系数和荷载分项系数，先进行组合后方可进行分析，这意味着需要考虑各种组合后再将每一种组合单独输入，而在弹性分析中通常只需要输入基本组合。

2. 基于折减刚度的二阶弹性的整体分析

基于折减刚度的二阶弹性的整体分析是一种简化的近似方法（图1.3中方法二），采用折减刚度来考虑混凝土开裂、钢筋屈服带来的刚度降低，仍然可以假设材料为弹性，进而采用弹性杆件体系有限元法来计算结构内力，这之中考虑了二阶效应。该方法计算效率比较高，《美国混凝土规范》（ACI 318－14）[11]和《欧洲规范2》均给出了等效刚度的计算公式。

该方法对几何非线性考虑充分，但对材料非线性考虑不足。众所周知，抗弯刚度是随着轴力和弯矩变化而变化的，其变化规律还与截面息息相关，如截面尺寸，钢筋的强度、数量和布置及混凝土强度。仅采用一个折减系数来考虑这些变化，只能大概反映二阶效应的影响，难免会有所偏差；而且在程序实现时也会有新的问题，例如，刚度减小导致地震力减小。

3. 基于计算长度系数法的整体-杆件分析

如图1.3所示，方法三将结构分析分为整体结构和杆件两个层次。计算长度系数法简单来说就是以计算一根杆件的稳定性来替代整体结构的稳定性。这是结构分析的经典思路，尽管存在某些弊端[12]，如在整体结构内力分析时按照弹性理论带来的误差、由计算长度系数的计算模型简化所带来的误差。但因其在计算精度和效率上具有显著优势，同时得到了多年工程实践的验证，具有较好的工程适用性。因此，目前该方法仍然是结构分析的主流方法，本书的研究也是基于这一思路。

1）整体结构层次

整体结构层次的结构分析包括如下两个方面：

（1）按照弹性理论并考虑 $P\text{-}\Delta$ 效应计算内力，或者满足某些条件时不考虑 $P\text{-}\Delta$ 效应，如满足《高层建筑混凝土结构技术规程》（JGJ 3—2010）[13]第5.4.1条。这个过程目前已较为完善和成熟，如采用弹性杆件体系有限元法能够很好地实现和解决。

（2）采用计算长度系数法来综合反映构件在整体结构中的稳定情况，即采用弹性理论将构件从整体结构中剥离出来，通过计算长度系数来考虑影响结构失稳的各种因素。

计算长度系数法是工程中常用的方法，该方法可避免复杂的整体结构的稳定计算，也称为K系数法（K factors）。虽然这是一种弹性方法，但涉及几何非线性，而且具体工程千差万别，计算模型如何周全地考虑各种情况而又不失通用性？计算结果如何实现适用性以便于工程师使用或手算？这些诸多的问题使得计算长度系数法到现在仍然处于不断完善的过程,也是近年来研究的一个热点[14,15]。

早在1759年,欧拉(Euler)就分析了最基本的四种情况:悬臂柱、两端铰支柱、一端固定一端铰支柱和两端固定柱,得到相应的计算长度系数分别为2、1、0.7和0.5。《钢结构设计规范》(GB 50017—2003)(以下简称《钢结构设计规范》)[16]附录D给出了规则框架受压柱计算长度系数计算的公式和表格。耿旭阳等[17]对非规则框架受压柱确定计算长度系数的三弹簧①约束模型(图1.4),该模型能够考虑几乎所有的边界情况,包括各种端部约束,与柱相连的梁和上、下层相邻柱的刚度和长度,以及整体结构是否有侧移,并给出了相应的图表。

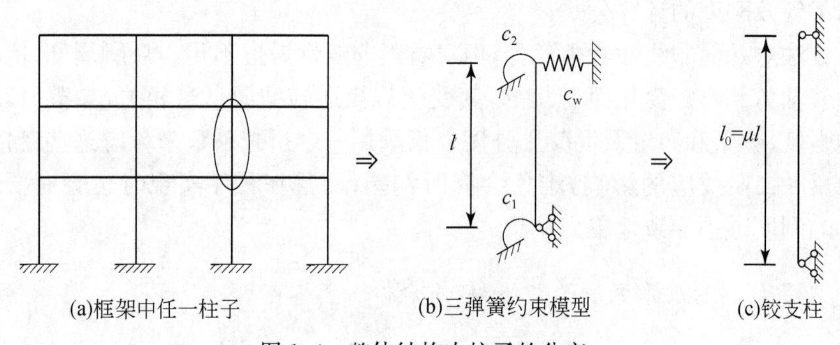

图1.4 整体结构中柱子的分离

l. 柱子的长度;l_0. 柱子的计算长度;μ. 计算长度系数

2)杆件层次

杆件层次的结构分析是将上述整体分析得到的柱端内力作为荷载作用,以计算长度系数法得到的等效两端铰支柱为研究对象,在杆件上考虑材料非线性和几何非线性(P-δ),即在杆件上采用二阶弹塑性的方法来确定柱的最不利荷载,最后以这个最不利荷载作用进行截面设计。

国内外各大规范均提供了这一层次的钢筋混凝土柱的稳定计算,如《欧洲规范2》[8]给出的名义刚度法(第5.8.8节 Method Based on Nominal Stiffness)和名义曲率法(第5.8.7节 Method Based on Nominal Curvature)、《美国混凝土规范》(ACI 318—14)[11]给出的弯矩增大系数法、《混凝土规范》第6.2.4条给出的基于极限曲率表达的弯矩增大系数法。

1.2 混凝土柱的二阶分析

本书基于整体-杆件两层次结构分析的计算长度系数法基础上,仅以杆件层次的

① 三弹簧包括侧移弹簧 c_w、转角弹簧 c_1 和 c_2。

钢筋混凝土柱为研究对象，对其进行稳定分析、计算和截面设计。下面，首先针对钢筋混凝土柱稳定分析中涉及的几个基本问题，包括柱子的失稳类型、柱端弯矩分布的影响、弹塑性和材料-几何双重非线性作用进行分析，再对现有的计算方法进行归纳和分析，最后提出钢筋混凝土柱二阶弹塑性计算和设计中亟待解决的问题。

1.2.1 柱的稳定问题

1. 柱失稳的类型

1）轴心受压柱：屈曲失稳

对于轴心受压的理想柱，当既无初始缺陷，又无初始干扰作用时，其破坏类型属于屈曲失稳（平衡分岔失稳、第一类失稳、分枝点失稳）①，极限承载力称为屈曲荷载（分岔荷载、临界力、特征值），该问题也称为屈曲问题或特征值问题[18~20]，如图1.5所示。

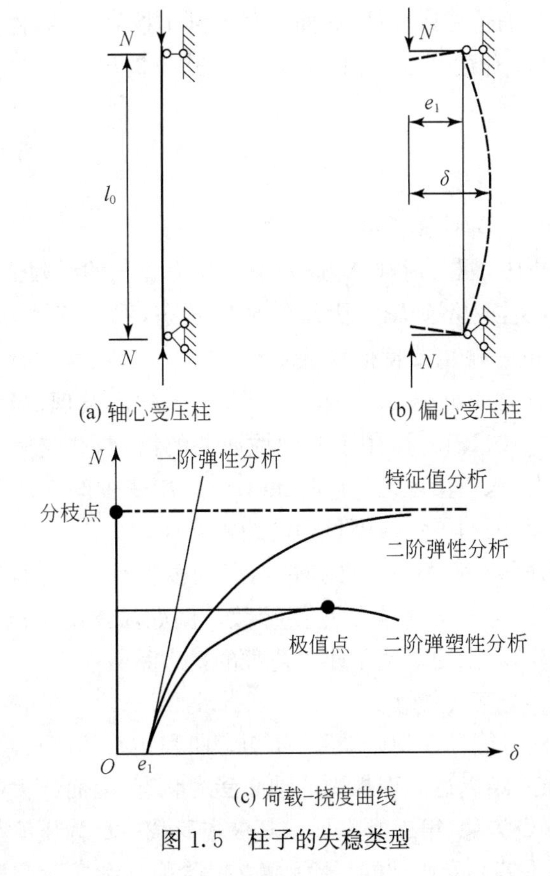

图1.5 柱子的失稳类型

① 屈曲（buckling）是物理学上对这一现象的描述，分枝（bifurcation）是数学上的描述。

在分枝点及其前后，屈曲失稳表现出如下三种截然不同的特点：

(1) 当荷载作用小于屈曲荷载时，杆件能够维持初始的平衡形式，即给柱子一个微小的横向位移，柱子会回到原有的位置，在图 1.5(c)中表现为一垂线(O 至分枝点)，这时候杆件的平衡是稳定的，类似于图 1.1(a)中稳定平衡的小球。

(2)当荷载作用等于屈曲荷载时，给柱子一个微小的横向位移，柱子不能回到原有的位置，而是停留在施加位移的位置，在图 1.5(c)中表现为一个点(分枝点)，类似于图 1.1(c)中随遇平衡的小球。

(3)当荷载作用大于屈曲荷载时，杆件不能维持初始的平衡形式，即给柱子一个微小的横向位移，柱子不能回到原有的位置，在图 1.5(c)中表现为一水平线(过分枝点的水平线)，这时候杆件的平衡是不稳定的，类似于图 1.1(b)中不稳定平衡的小球。

由于屈曲失稳存在由稳定平衡突然过渡到不稳定平衡的特性，因此也被称为质变失稳。

对于弹性阶段的细长柱或杆件，屈曲荷载起到了控制作用，柱因屈曲丧失稳定而破坏，但材料应力没有达到强度值。1759 年，欧拉提出了弹性阶段柱屈曲荷载N_E的计算公式，即

$$N_E = \frac{\pi^2 EI}{l_0^2} \tag{1.1}$$

式中，EI 为抗弯刚度；l_0为计算长度。

在二阶弹性分析中，屈曲荷载 N_E还是偏心受力情况的上限值，如图 1.5(b)所示。尽管实际情况往往达不到轴心受压的理想状态，但因其计算简单，屈曲荷载N_E也是弹性细长柱的一个重要特征变量。

对于非弹性的情况，Engesser[21] 和 Considère[22] 先后发现，当引入一个变化的弹性模量，欧拉公式[式(1.1)]可用于非弹性屈曲的情况，并先后提出了切线模量理论和折算模量理论(双模量理论)。Shanley[23] 采用一中间由双肢弹性连接的刚性柱的简化压杆模型，证明了切线模量理论的正确性。

此外，尽管屈曲荷载 N_E不再是非弹性情况的极限承载力，因其概念简单容易理解，仍然是一些二阶分析方法中的重要参数。例如，《钢结构设计规范》[16] 中压弯构件的整体稳定验算，采用了基于屈曲荷载的扩大系数法。

2) 偏心受压柱：极值点失稳

实际工况中的柱可能存在初始缺陷，如初弯曲和初始几何缺陷，轴力的作用点也可能存在初始偏心，难以达到理想中的轴心受力状态，因而绝大部分的柱都是偏心受压柱，属于极值点失稳(第二类失稳)，其极限荷载也称为压溃荷载[24]。

图 1.5(c)示意了偏心受压柱的一阶弹性、二阶弹性和二阶弹塑性分析三种情况的荷载-挠度曲线。当 $N=0$ 时，柱存在初始偏心距(e_1)，三种曲线的挠度都是从

e_1开始。这三种情况分别为：

(1)采用一阶弹性分析时，荷载和挠度是线性关系，所以在图1.5(c)中为一条直线。

(2)采用二阶分析时，荷载和挠度是非线性关系，当材料为弹性时，曲线趋近于屈曲荷载。

(3)采用二阶分析且材料为弹塑性时，曲线的极限承载力大为降低，曲线由上升段和下降段组成，极限荷载位于极值点。从$N=0$开始，挠度随着荷载的增大而增大，进入塑性阶段，曲线斜率下降，挠度增速加大，当荷载达到极限值(极值点)时，曲线进入下降段，荷载必须下降才能维持内力和外力的平衡。因而极值点失稳也称为量变失稳[25]。

3) 钢筋混凝土柱的失稳

对于轴心受压的钢筋混凝土柱，通常是用一个折减系数来考虑细长柱的二阶效应对承载力的降低，即以表示刚度折减的稳定系数(φ)和截面强度的乘积作为承载力进行截面设计。《混凝土规范》第6.2.15条给出了φ的计算公式为

$$\varphi=\left[1+0.002\left(\frac{l_0}{b}-8\right)^2\right]^{-1} \tag{1.2}$$

式中，b为截面的宽度；l_0为计算长度。

式(1.2)是在试验和理论推导的基础上得到的，式中φ仅与长细比有关，因此还有待于进一步完善，如考虑徐变对φ的影响。

对于偏心受力的钢筋混凝土柱，大部分情况下，在轴力较小时混凝土就开裂了，混凝土开裂和钢筋屈服后，材料表现的必然是非弹性性能，因而钢筋混凝土柱的失稳几乎都属于极值点失稳情况。

本书主要研究钢筋混凝土柱的极值点失稳。

2. 柱端弯矩分布的影响

采用结构弹性整体内力分析可得到柱的弯矩图，一般情况下，柱两端的弯矩最大，且两端的弯矩一般不相同，此时可以通过等效弯矩系数C_m把非均匀分布的弯矩转化为均匀分布的弯矩，即成为等偏心受力柱。国内外各大规范均给出了C_m的计算公式[3,9,11]，如《混凝土规范》给出的计算公式为

$$C_m=0.7+0.3\frac{M_1}{M_2} \tag{1.3}$$

式中，M_1为考虑侧移影响的偏心受压构件两端截面按结构弹性分析确定的对同一主轴的组合弯矩设计值的绝对值的较大值；M_2为相应的较小值。

许多学者就C_m计算公式的精度和适用性问题提出了许多质疑和改进意见。

此外，MacGregor等[26]对钢筋混凝土柱在三种不同柱端弯矩分布情况下的极限承载力进行研究，发现图1.6(a)所示的等偏心距作用下的柱承载力最小，图1.6(c)所示的反向等偏心距作用下的柱承载力最大，所以弯矩分布变化的柱的承载力验

算在假定等偏心时总是偏于安全的。

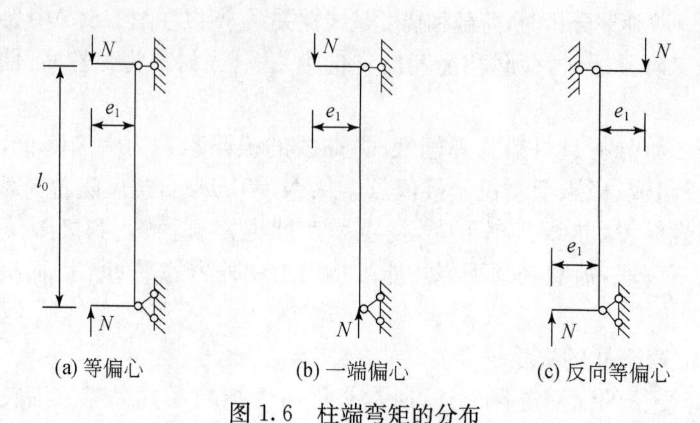

图 1.6　柱端弯矩的分布

基于上述两点，本书不考虑柱端弯矩分布变化对结果的影响，仅以等偏心受力的两端铰支柱为研究对象。

3. 弹塑性(材料非线性)

抗弯刚度 EI 是确定结构荷载-位移的基本变量，弹性阶段 EI 是常数，当进入弹塑性阶段，EI 不再是常数，此时，EI 需由轴力不变的弯矩-曲率关系曲线(图 1.7)的斜率来确定。斜率在混凝土开裂前为常数，开裂后逐渐递减，当钢筋屈服后斜率锐减，直至截面极限承载力(极值点)。即钢筋混凝土截面进入弹塑性阶段的结果是抗弯刚度的退化(减少)，其折减大小与很多参数有关，如轴力、弯矩、截面尺寸、混凝土强度、钢筋强度和配筋率。因此，通常采用轴力-弯矩-曲率关系来反映截面的弹塑性。

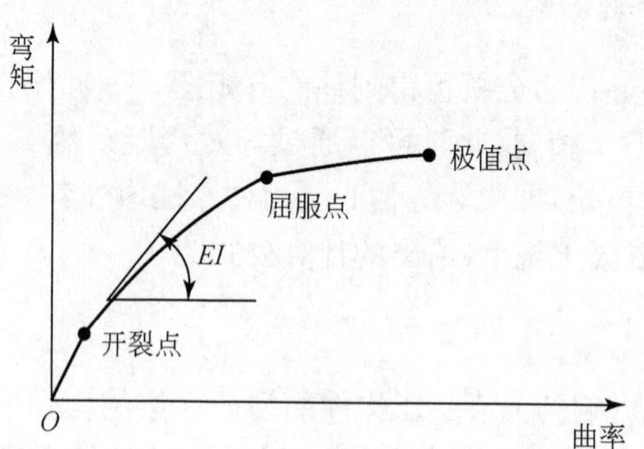

图 1.7　轴力不变的弯矩-曲率(轴力为常数)

在承载能力极限状态，钢筋混凝土柱处于弹塑性阶段，精确的二阶变形计算需对每一截面按照轴力和弯矩的大小通过图 1.7 确定曲率，再沿柱长度方向对曲率积分两次得到。

4. 材料非线性和几何非线性

当考虑荷载对变形所产生的二阶效应时，即使是对于材料为弹性的结构或构件，荷载与二阶变形和二阶内力之间也是非线性的关系，这种几何非线性使得任何精确分析都是复杂的。杆件层次几何非线性的弹性解答已经较好地完成了，包括解析法、能量法、近似法和有限元法，如柏拉希[18]、毕尔格麦斯特和斯托依普[27]、铁摩辛柯和盖莱[19]。

二阶弹塑性分析要考虑材料和几何的双重非线性。对于钢筋混凝土柱，除了上述的几何非线性，还要考虑混凝土的开裂、压碎和钢筋屈服带来的材料非线性，以及混凝土和钢筋两种材料间的内力耦合作用。几何非线性的实质是要考虑变形产生的附加内力，内力的增大又促使变形增加，此时若出现材料非线性又会进一步降低柱的刚度而使变形进一步加大，因此，对于偏心受力的钢筋混凝土柱，材料和几何双重非线性是一个相互作用的过程。

钢筋混凝土柱在材料非线性和几何非线性的共同作用下，刚度大大降低，最终因丧失承载力而破坏。按照长细比的大小，钢筋混凝土柱的破坏类型如图 1.8 所示。图中，e_1和 e_2分别为一阶偏心距和二阶偏心距。外轮廓曲线(a)代表截面承载力的轴力-弯矩相关曲线，表示内部抵抗(截面强度)。曲线(b)、(c)和(d)分别表示对于$\lambda < 25$、$\lambda < 70$ 和 $\lambda > 100$ 三种长细比类型，按照二阶弹塑性分析得到的轴力-弯矩外部作用曲线。显然，外部作用曲线(b)、(c)和(d)与构件长细比显著相关，长细比越大，极限荷载越小。因此，三种长细比类型的极限荷载的关系为：$N_1 > N_2 > N_3$。

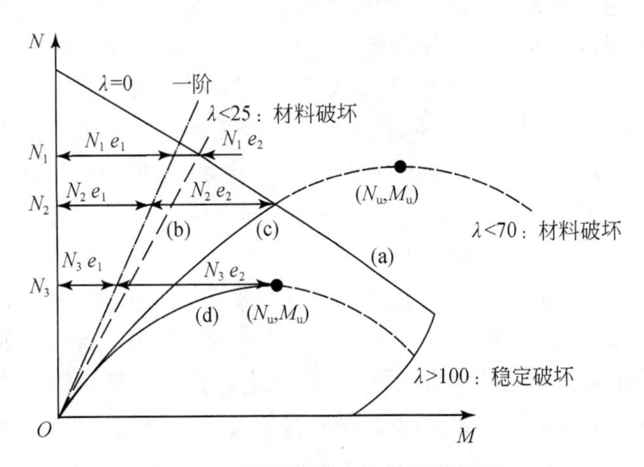

图 1.8　钢筋混凝土柱的破坏类型

(a)截面承载力；(b)短粗型；(c)细长型；(d)超细长型

对于钢筋混凝土柱，丧失承载力的诱因有三种类型：

(1)材料非线性发展充分,几何非线性发展很小(可忽略不计),此类构件多是短粗型(一般为$\lambda < 25$),构件破坏为材料强度破坏,为一阶内力所致,属于应力问题。

(2)材料非线性和几何非线性都有发展或有相当的发展,构件变形引起的附加内力不能忽略不计,此类构件为细长型(一般为$\lambda < 70$),构件破坏仍为材料强度破坏,由一阶内力和二阶附加内力叠加所致,属于稳定问题。

(3)材料非线性还没有发展或发展很小,几何非线性却已发展充分,此类构件为超细长型(一般为$\lambda > 100$),在构件变形过程中,由构件变形引起的附加内力增长迅速,而材料形成的内部抵抗增长缓慢,最终出现外部作用大于内部抵抗而失稳破坏,破坏时,材料的强度还远没有被充分利用。

1.2.2 主要计算方法

通过上述分析可知,即使是在杆件层次,要充分考虑材料非线性和几何非线性的双重作用也是复杂的。1960 年以后,计算机技术的运用使钢筋混凝土柱稳定问题研究有了全面性和实质性的进展。目前,钢筋混凝土柱的二阶弹塑性分析和设计方法主要有三大类:有限元法、数值方法和规范的简化方法。其中,有限元法也是数值方法中的一种,因其较为重要而单列出来。

1. 有限元法

原则上,在计算机性能容许的范围内,无论怎样的材料非线性、不同的加载条件、复杂的结构类型和边界条件,任何稳定问题都能够通过增量加载的几何非线性有限元代码来解决[2],而不需要任何简化。可以说,有限元方法是精确、有效和强大的,是现在和未来发展的基本方法。结构、构件和截面的分析和计算均可采用有限元法。

无论是一阶还是二阶,目前弹性范围内的有限元法都能够较好、较快地实现。然而,如要精确地考虑材料非线性,目前对于一般的设计人员,采用有限元法来进行钢筋混凝土柱的弹塑性分析还是不现实的。因为即使采用成熟的有限元商业软件,建模和计算都是耗时的,在建模过程中又存在多种选择的人为不确定性因素(如单元、边界和本构关系的选择),不仅影响计算结果的准确性,并且面对大量的输出结果,工程师的判断也是很重要的。

所以,尽管我国和很多国家的规范都列入了有限元分析方法,但目前该方法在同时考虑材料非线性和几何非线性时,还主要是用于研究工作[28](如分析各种复杂条件下结构的性能,验证其他方法的有效性,进行大量计算后对结果做回归分析并拟合成公式)和实际中重要且复杂工程项目的设计。因此,寻求实用的简化方法是很有必要的。

2. 数值方法

数值方法有多种,数值积分法是其中较为常用的一种。数值积分法是将柱分段,考虑节点之间及边界的变形协调和平衡关系(几何非线性),对每一节点考虑真实的弯矩-曲率非线性关系(材料非线性),通过增量加载方式得到荷载-挠度曲线,确定杆件的极限承载力,再进行截面设计。

对于等偏心受力的两端铰支杆件,计算简图如图1.9所示,由于对称性,取半跨计算,将杆件分成若干段,支座节点编号 $i=0$,中点编号 $i=in$。采用数值积分的方法计算每一节点的挠度、转角、曲率和弯矩。目前,用于杆件二阶弹塑性稳定分析的数值积分法有很多,其中较为有效的主要有如下两类。

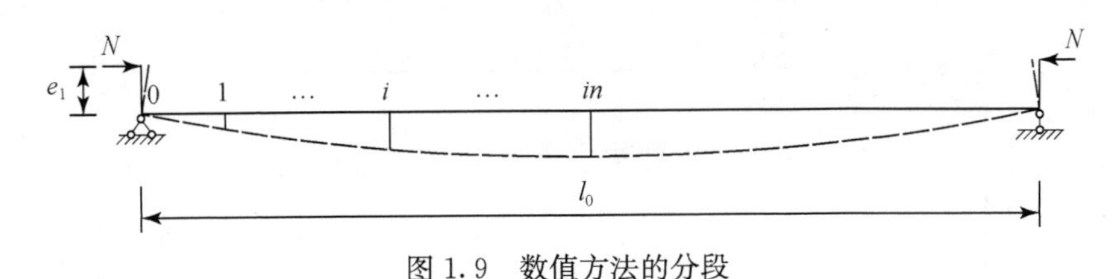

图1.9 数值方法的分段

1) 挠度曲线法

1910年,Karman首次提出挠度曲线法,用于矩形钢截面压弯杆件的极限承载力计算。1960年后,随着计算机的广泛应用,该方法应用越来越多,其应用范围也越加广泛,如用于钢筋混凝土截面,并且得到很多的改进和发展,包括柱挠度曲线法(column deflection curve method,CDC法)[29]、柱挠度曲线改进法[30],本书将这一类方法都称为挠度曲线法。现行《钢结构设计规范》沿用了李开禧和肖允徽[31]提出的逆算单元长度法,这实际是CDC法的改进方法。

这一类方法的共同特点是将稳定分析的边界值问题转化为初值问题求解①,因而也称为初值问题[30]。如图1.9所示,当荷载作用 N 和偏心距 e_1 已知,求解最终的挠度曲线,由对称性可知中点的转角为0(终值已知),而支座转角未知(初值未知),这是一个边界值问题,不利于求解。此时可以转化为初值来求解,即通过假设初始转角,当满足终值条件(中点的转角为0)时停止计算。

为了得到柱的极限承载力,采用数值积分的挠度曲线法编制计算机程序需要进行4层数值迭代循环,如图1.10所示。

(1)循环1:挠度曲线的计算。

计算图1.10(a)中荷载-挠度曲线中的一个点,即一个 N- e_1 值已知时的一条最终变形曲线。如表1.1第1列所示,这是一个迭代的过程,需要进行多次试算,即多次假设初始转角,进行数值积分求解(采用分段插值函数如泰勒级数[32]),找到

① "初值"和"边界值"两个概念来自数值法求解微分方程。当边界条件全部由初始值确定时为初值问题,结构动力问题一般属于这一类。当边界条件不能全部由初始值确定时为边界值问题,结构稳定问题一般属于这一类。

满足终值条件的那个初值时的变形曲线，即为最终的变形曲线。

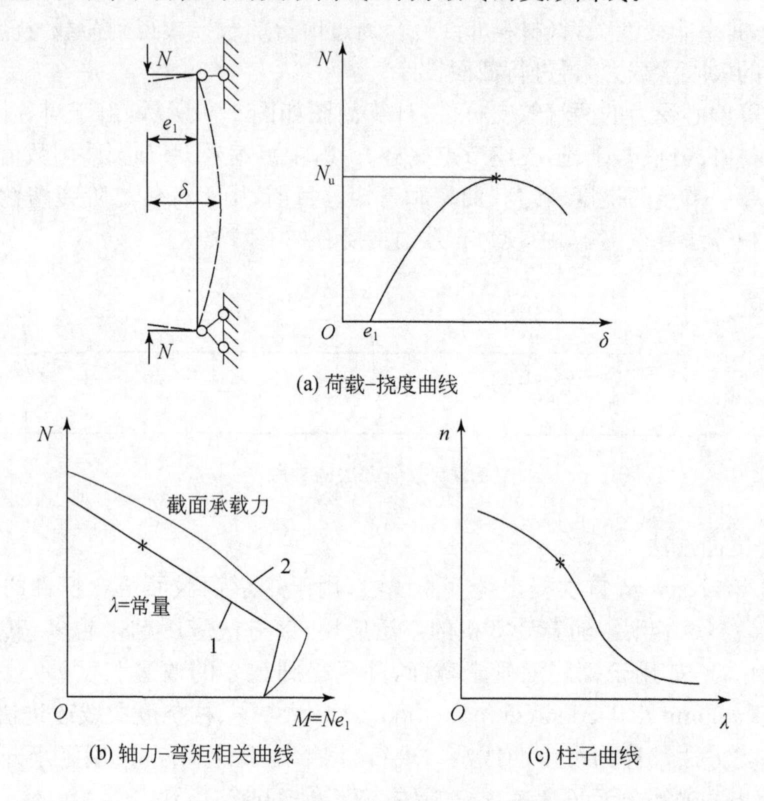

图 1.10　柱的二阶弹塑性计算示意图

表 1.1　挠度曲线法和 Newmark 法的不同之处

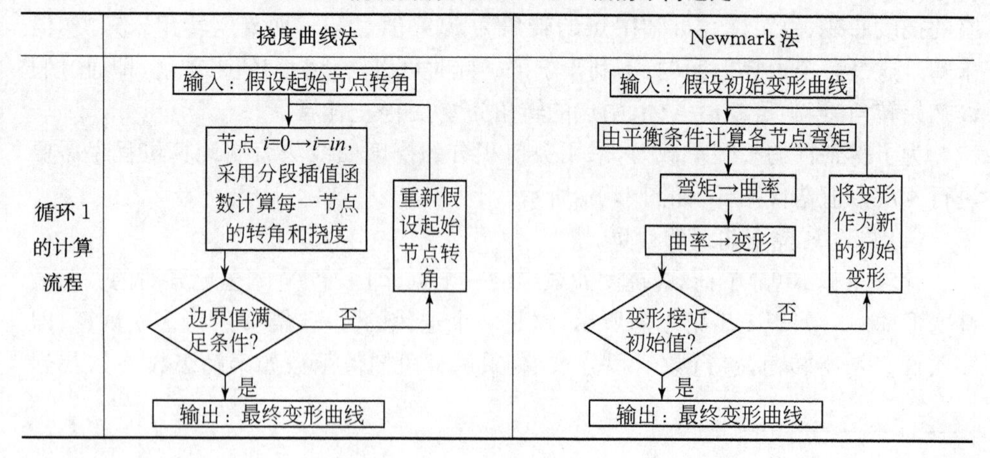

续表

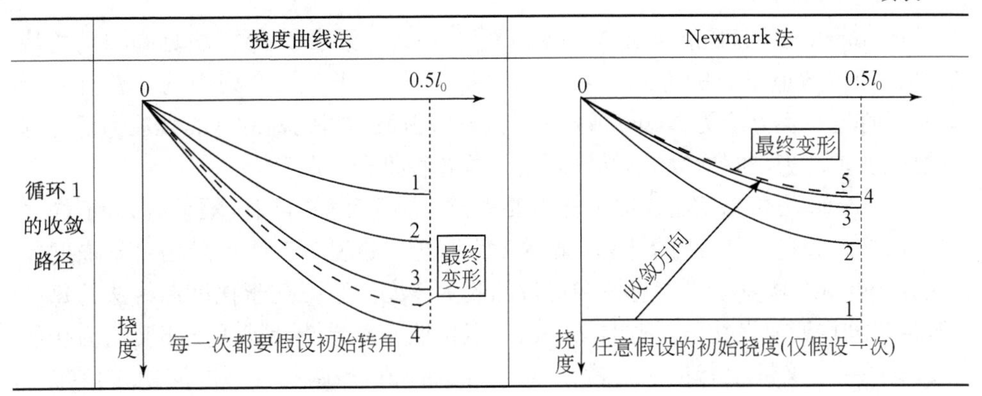

	挠度曲线法	Newmark 法
循环 1 的收敛路径		

(2)循环 2:由弯矩求曲率。

对于循环 1 中每次试算的每个柱段节点 i,都需要求解弯矩作用下的曲率,通常采用数值方法(条带法),因涉及材料非线性和内力的耦合较为复杂,这也是一个迭代的过程。

值得注意的是:循环 2 位于最底层,是运算次数最多的循环。

(3)循环 3:荷载-挠度曲线。

采用增量加载的方式,重复循环 1 和循环 2,得到图 1.10(a)中荷载-挠度曲线的上升段,采用卸载的方式得到下降段,在计算极值点 N_u时需要试算并减小加载间隔,这也是一个迭代的过程。此时可以得到一个偏心距 e_1值已知的极限荷载,对应柱的轴力-弯矩相关曲线[图 1.10(b)]或柱子曲线[图 1.10(c)]中的一个点。

(4)循环 4:轴力-弯矩相关曲线和柱子曲线。

变化一阶偏心距 e_1,重复前面的三个循环,可得到一条极限承载力的轴力-弯矩相关曲线,如图 1.10(b)所示。图 1.10(b)示意了两条轴力-弯矩相关曲线。曲线 2 是由截面分析(第 2 章)得到的,代表了材料的强度,可用于短粗型柱子的设计。随着柱变得更加细长,柱的极限承载力不再由强度控制,而是由稳定控制,而且长细比越大,极限承载力降低越多。图 1.10(b)中曲线 1 示意了长细比不变时的轴力-弯矩相关关系,反映了这一特定长细比柱子的极限承载力,其中的弯矩为一阶弯矩($M_1=Ne_1$)。当荷载 N 和一阶偏心距 e_1 已知时,若坐标(N,Ne_1)位于这条曲线的内部,则满足了稳定验算条件,柱子是安全的;反之则不安全。

对轴力 N 进行无量纲化处理得到 n(或者用 φ 表示),在 n-λ 坐标中整理并绘入上述数据,就得到了钢结构里经常用到的柱子曲线[33],如图 1.10(c)所示。

对于钢筋混凝土结构,因涉及钢筋和混凝土两种材料,与曲线相关的参数较多,例如,截面尺寸($b\times h$)、混凝土强度设计值(f_c)、钢筋的位置(a_s)、钢筋强度设计值(f_y)和钢筋面积(A_s),当有一个参数变化时,曲线就要变化,因此,无论是轴力-弯矩相关曲线还是柱子曲线,在使用上还是不方便的。

2）Newmark 法

Newmark 法[34]、Engesser-Vianello 法[35]和共轭梁法[19]等方法具有共同的特点，都是通过数值逼近的方式来得到挠度曲线，如表 1.1 第 2 列中的计算流程所示，本书称这一类方法为 Newmark 法。该方法由最初对钢柱的计算发展为可计算变截面、变轴向力、非弹性的钢筋混凝土柱等各种复杂情况。

Newmark 法和挠度曲线法一样需要进行 4 层循环来得到极限承载力，不同之处主要在于二阶变形曲线的计算（循环 1 的不同），如表 1.1 所示。相对于挠度曲线法，Newmark 法具有更为有效和更快的收敛速度。原因在于挠度曲线法的每一次数值积分均要假设初值，例如，第一次可以按照一阶弹性计算的支座转角为初值（θ_0），选择一个增量（Δ），以后每次以 $\theta_0+j\Delta$ 为初值，当两次计算的跨中转角（θ_{in}）符号相反时，再采用数值逼近技术（如二分法）来寻找 $\theta_{in}=0$ 的 θ_0。表 1.1 示意了这个过程，曲线 3 和曲线 4 的边值符号相反，然后需再进行若干次的逼近。而 Newmark 法仅需假设一次初始值，而且这个初始值可以任意假设，即使理想化地假设初始变形为一个较大的矩形，经过 5 次计算，变形曲线就几乎收敛了。此外，挠度曲线法的难点之一在于 Δ 的输入，Δ 太小收敛慢，截面尺寸、强度和配筋等参数都会影响 Δ，这对软件的使用者有较高的要求。

Newmark 法除了和挠度曲线法一样需要进行循环 2，还要由曲率来计算变形，这个过程通常通过材料力学的共轭梁法来解决。将曲率假想为荷载集度作用于共轭梁上，采用平衡条件计算剪力和弯矩，这个弯矩就是实际杆件的挠度。对于不均匀分布，这一方法的曲率通常假设为抛物线分布，存在着某种程度的近似和简化。

3. 我国规范的简化方法

《混凝土规范》第 6.2.4 条提供了一种基于极限曲率的简化方法，用弯矩增大系数来反映由二阶效应引起的内力增长，计算式为

$$M=C_{\mathrm{m}}\eta_{\mathrm{ns}}M_2 \tag{1.4}$$

式中，C_{m}为等效弯矩系数；η_{ns}为考虑挠曲二阶效应的弯矩扩大系数。

$$\eta_{\mathrm{ns}}=1+\frac{h_0}{1300\left(\dfrac{M_2}{N}+e_{\mathrm{a}}\right)}\left(\frac{l_{\mathrm{c}}}{h}\right)^2\xi_{\mathrm{c}} \tag{1.5}$$

式中，ξ_{c}为曲率修正系数。

$$\xi_{\mathrm{c}}=\begin{cases}1, & N\leqslant 0.5f_{\mathrm{c}}A\\ \dfrac{0.5f_{\mathrm{c}}A}{N}, & N>0.5f_{\mathrm{c}}A\end{cases} \tag{1.6}$$

式中，f_{c}为混凝土轴心抗压强度设计值；A 为构件截面面积；N 为与弯矩设计值 M_2 相应的轴向压力设计值。

式(1.6)采用了轴力的反比函数模型来计算极限曲率，需要轴力无穷大时才能

将曲率折减为零,通常考虑钢筋参与抗压,轴压比不会大于3,若考虑抗震要求轴压比会更小,一般不大于1,因此,当轴压比要无穷大时曲率才为0是不合理的。该模型与配筋率无关,而通常截面的配筋率越大,延性越好,极限曲率也越大,两者具有显著的相关性,这也是该模型不完善之处。

1.2.3 问题的提出

对于等偏心受力的两端铰支钢筋混凝土柱的稳定分析,采用有限元方法建模和计算时耗时,所以还很难在实际运用中推广,通常采用数值方法和简化方法来计算。数值方法需要通过4层迭代循环来完成,位于最底层也是运算次数最多的循环是由弯矩求曲率的过程,这一过程通常采用数值方法求解,需要迭代效率较低,通常采用简化的近似模型来解决(如三折线模型),那么能否采用其他方法对这最为关键的一环进行改进?能否在保证精度的同时采用解析的方法来求解钢筋混凝土截面的弯矩-曲率关系?

传统的Newmark法具有较快的收敛速度,然而其中由曲率求解变形的过程需虚设共轭梁来解决,求解过程中又进行了一些简化,能否用其他方法来求解?对于钢筋混凝土柱的极值点失稳问题,材料和几何双重非线性的相互作用较为抽象,为了便于设计人员理解,能否将这些相互作用直观地表示出来?《混凝土规范》给出的基于极限曲率表达的弯矩增大系数法,其中的极限曲率计算的反比函数模型存在不合理之处,例如,曲率要在轴压比无穷大时才能折减为0,也没有考虑配筋率的影响,能否对这一模型进行改进?

影响钢筋混凝土细长柱受力表现和极限承载力的参数和变量有很多,例如,杆件参数有长细比、截面尺寸、混凝土强度、钢筋强度和面积;变量有轴力、一阶弯矩、二阶弯矩、曲率、初始偏心距、二阶偏心距。这么多的参数、变量采用传统的设计曲线[图1.10(b)或(c)]显然是效率低下的,能否采用无量纲的方式尽量消除一些参数的影响?诺模图能够在二维图形上表示出更多的变量,能否采用这种方式来进行柱子的稳定设计?或者能否为设计人员提供一种简单高效的手算工具?

1.3 本研究领域的国内外概况

1.3.1 钢压杆二阶分析的历史概要

细长构件早期研究从钢压杆开始,1744年欧拉提出柱临界荷载理论。19世纪后期,随着钢压杆的使用和失稳破坏的增多,对压杆稳定逐渐有了深入研究。Karman首次把偏心受压钢柱的屈曲荷载作为稳定问题来考虑的,采用数值方法计算矩形截面压弯杆件的极限承载力,得到柱的挠度曲线[36]。在接下来的若干年，许多学者对这一方法(挠度曲线法)进行了改进和推广。例如，Chwalla[37]在Karman[36]研究的基础上对偏心受压钢柱进行了大量的研究，分析了各种参数变化对柱子极限承载力的影响，包括各种荷载条件、各种截面形状、长细比和偏心距，并且用表格和图的方式来表示这些影响；Ojalvo 和 Fukumoto[38]提出了图解应用法，基于挠度曲线得到柱端弯矩-端转角的相关曲线；Lu 和 Kamalvand[39]对承受侧向荷载的偏心受压柱的四种情况进行分析，提出数值积分的改进的挠度曲线法，得到荷载-端转角相关曲线。这一类方法的共同特点是假设初值，采用分段插值函数的数值积分来计算各节点的挠度，当边界值满足条件时为最终的变形曲线。

与挠度曲线法不同，Newmark[34]提出由初始挠度曲线计算弯矩、曲率和新的挠度曲线的方法，以两次挠度曲线是否接近来作为收敛条件。Newmark 法及其衍生的各种数值方法更为有效和具有更快的收敛速度，使其广泛应用在处理弹塑性的稳定分析中。

数值方法研究主要集中在有限元方法上。这些数值方法需要借助计算机，而在实际设计工作中往往期望有简化的解析公式用于判断计算机结果的正确性或者进行初步设计。Roš 首先提出了假设偏心受压钢柱挠度为半个正弦曲线，并通过试验来验证，这一假设是有效和正确的，现在的很多简化方法都是基于这一假设[18]。Westergaard 和 Osgood 基于 Roš 的假设，采用钢截面真实的应力-应变关系，得到了解析解，但这一解析式较为复杂，需要通过图解来求解[18]。Ježek[40]进一步将真实的应力-应变关系简化，假设为理想弹塑性模型，并且只在柱的中点建立平衡条件，推导矩形和工字形截面的近似解析解，得到柱轴力-弯矩的相关曲线。Ježek 还推导了椭圆积分表达的矩形钢柱的精确解析解。

1.3.2 混凝土结构的二阶弹塑性分析

1. 国外

以德国为首的欧洲各国学者对研究混凝土结构二阶效应做了大量的研究工作，其中，德国的 Kordina 教授被誉为欧洲的柱子之父，他的学生 Quast 教授是混凝土结构二阶效应研究的领军人物。国际混凝土联合会 *fib*① 在专题研究手册里对这些研究工作进行了收集、记录和整理，例如，1978 年《压屈和失稳手册》(*Manual of Buckling and Instability*)[41]、CEB-FIP MC(1990)的第 6.6 节“压屈极限状态”[42]、*fib* 的《52 号手册》[43]。

文献[35]将 Newmark 法用于钢筋混凝土的柱子。这一方法的特点是寻求给定荷载下的变形曲线，只能算出荷载-挠度曲线的上升段。Quast[44]运用挠度曲线

① 前欧洲国际混凝土委员会(CEB)和国际预应力协会(FIP)于 1998 年合并成立 *fib* 国际混凝土联合会。

法对偏心受力的钢筋混凝土柱进行了详细地分析。MacGregor 等[26]较为全面地分析了轴力-弯矩相关曲线的各种影响因素，包括柱端弯矩、初始偏心距、长细比和框架有或者无侧移等，提出了考虑二阶效应的弯矩扩大系数，并与试验结果进行了比较。现行的《欧洲规范 2》的名义曲率法(原来称为模型柱法)也是基于悬臂柱具有特定的曲率分布，如正弦曲线。Cranston[45]将 Newmark 法修正和推广至双向受荷的混凝土梁柱分析，并且能得到挠度曲线的下降段，针对铰接、有支撑和无支撑混凝土长柱，变换长细比、初始偏心距、截面形状和配筋率等计算二阶效应，与 381 根试验数据进行对比。

许多学者对钢筋混凝土柱的简化设计公式进行了研究。Khuntia 和 Ghosh[46]提出了钢筋混凝土柱的等效抗弯刚度 EI 的设计公式。Tikka 和 Mirza[47]分析了具有不同参数的 1100 根柱子，进一步得到约束混凝土无侧移细长柱的 EI 公式。Kwak 和 Kim[48]利用数值方法分析的结果作回归分析得到钢筋混凝土细长柱承载力折减系数的解析公式，该公式考虑了徐变的影响。Pallarés 等[49]提出等效弯矩系数 C_m 的两个计算表达式:基于杆件微分方程的弹性解和数值分析得出的弹塑性解。Kwak 和 Kwak[50]提出了双向受荷的设计公式。Barros 等[51]改进了《欧洲规范 2》中名义曲率法中的参数公式，使该式能够用于高强混凝土、横向荷载和非等偏心等情况。Bonet 等[52]针对有效计算长度的双向弯曲钢筋混凝土细长柱，提出适用于任意截面形状、普通和高强度混凝土等多种情况的实用 EI 公式。Tikka 和 Mirza[53]对框架 P-Δ 效应进行大量数值分析，与 13 榀框架试验对比，认为 ACI318 中长度系数图表(Jackson- Moreland alignment chart)仍是准确的方法，但刚度公式还需考虑初始偏心率、长细比和配筋率。

2. 国内

20 世纪七八十年代，我国学者进行了较多地试验和理论研究。丁大钧[54]根据理论分析并参考试验资料，提出混凝土受压构件纵向弯曲系数的简单近似公式。金国生[55]通过 18 根偏心受力的钢筋混凝土细长柱的试验，研究了纵向弯曲对柱子极限承载力的影响，提出挠曲刚度系数和临界挠度的近似计算公式。陈家夔和崔锦[56]在试验的基础上，对钢筋混凝土细长柱的弯矩和挠度扩大系数的计算公式进行了分析和建议。中国偏压构件研究组在 382 根短柱试验的基础上，又进行了数百根长柱的短期荷载试验，基于试验和参考国外规范形成了《混凝土结构设计规范》(GB J10—89)[57]的相关内容[58]。朱伯龙和董振祥[59]对钢筋混凝土结构的非线性问题进行了较为系统的分析，采用变刚度简化方法和分级加曲率的数值分析方法对柱进行挠度计算。王传志和藤智明[60]阐述了钢筋混凝土细长柱的受力性能、数值方法和模型柱法。刘南科等[61]开展 18 榀框架试验，考虑双重非线性、节点区锚固钢筋滑移和节点刚域，用中点刚度增量法编制框架全过程分析程序。

自 1989 年,白绍良等[10]的研究团队对二阶效应的计算方法进行了大量研究。例如,白绍良和卫东[62]采用迭代法和混合法两套数值电算程序分析钢筋混凝土框架柱和计算二阶弯矩;王志军等[63]提出了用极限曲率表示的偏心距增大系数的计算公式;刘毅等[64]针对典型工程算例的有限元弹性分析和非线性有限元分析的结果,提出考虑非弹性特征的 $P\text{-}\Delta$ 效应实用简化计算的框架梁、柱刚度的折减定值系数的建议,用于工程结构弹性有限元分析,该建议已被《混凝土规范》所采纳;李新荣等[65]开展 33 根长柱试验,研究长细比、钢筋面积、混凝土强度、钢筋强度和偏心距等对等效弯矩 C_m 系数的影响;魏巍等[66]依据有限元分析和已有试验结果提出 C_m 系数取值建议。

此外,方志[67]从杆件的基本微分方程出发,推导挠度计算的简化计算公式,以解析式来表达杆件的位移增量,并与试验结果比较。叶英华等[68]将材料非线性刚度矩阵和几何非线性刚度矩阵叠加,给出双向受压钢筋混凝土柱极限承载力的有限元算法。李志渊和陈全红[69]对钢筋混凝土细长柱偏心距增大系数的计算方法进行了比较。毛达岭[70]对 500MPa 级钢筋混凝土受压构件受力性能进行了试验和理论研究。易伟建和雷国强[71]对锈蚀钢筋混凝土偏心受压柱承载力进行了试验研究。王依群和孙福萍[72]基于模型柱法提出了双向偏心受压细长柱配筋的简化计算公式。许晶和贡金鑫[73]研究了无侧移钢筋混凝土细长柱的荷载-变形特性和二阶效应,将柱划分为多个微段,推导建立在变形协调和平衡条件上的数值分析方法,进而得到附加变形、抗弯刚度和等效弯矩系数的简化公式。童岳生等[74]基于 89 根柱的短期荷载试验资料,提出等效弯曲刚度 EI 拟合公式和考虑四种不同弯矩分布时的修正系数。陈宝春和林上顺[75]在试验研究基础上,进行有限元参数分析,拟合曲率影响系数公式。

1.3.3 小结

柱是结构最基本和重要的构件,如果一根柱子发生破坏,可能会引起楼面的进一步破坏,甚至导致结构的全部破坏。钢筋混凝土柱二阶弹塑性的分析和设计属于基础研究内容。20 世纪至今,众多学者对这一问题进行了大量的研究。目前大量的工作集中在建立适用广泛的数值分析方法,能够考虑各种情况如双向受荷、混凝土拉伸硬化、钢筋滑移、长期荷载下的徐变等,用途一是编制软件以提供给高层次设计人员使用,二是利用数值分析方法或者试验结果进行回归分析建立一个或几个简化的设计公式以提供给普通设计人员使用。尽管这一问题已形成了较为全面的分析方法,但在解析法层面还有待于进一步地探索和研究。

(1)截面上的解析分析。在截面上的弯矩-曲率关系分析中,采用数值分析方法或软件,输入截面参数,能够得到弯矩-曲率曲线,却不能展示曲线中各点的截面变形(应变)的变化及其变化规律,而且当求解量巨大时,数值的方法效率不高,通常需要采用简化模型来解决(如三折线模型)。为此,本书在对现有数值方法分析的基础上,对循环次数最多的过程(弯矩-曲率关系),采用解析法(第3章和第4章),无须迭代,没有迭代和收敛带来的误差,从而改进了数值计算过程(第5章)。

(2)对几何和材料双重非线性的相互作用过程的解析分析。本书采用弯矩-曲率图形来表达杆件的内力与外力的平衡关系,可表示出柱子的两种非线性随参数变化的一些受力现象,几何非线性是通过图形上的直线来表示(由荷载引起的二阶内力),材料非线性通过弯矩-曲率关系来表示(由本构关系计算截面的抵抗内力),并由此推导出一种介于分段数值方法和简化方法之间的新算法(第6章)。

(3)以理论推导的方式得到供设计人员使用的手算工具。钢筋混凝土柱的稳定分析涉及的因素(变量)多,仅用一个或几个公式如弯矩扩大系数公式和刚度折减系数公式,难以全面地反映这些影响因素。因此,本书不是依据数值分析的结果或试验结果作回归分析来得到公式,而是采用理论推导方式尽可能地保留推导过程中的各个公式,采用诺模图方式将所有可能的解绘制成曲线,不需要解方程,通过查图的方式,进行钢筋混凝土细长柱的设计或强度验算(第7章),实现复杂问题的简单计算。

1.4 本书的主要内容

本书基于计算长度系数法整体-杆件的结构分析方法,以等偏心受力的两端铰支的钢筋混凝土柱为研究对象,以理论推导方式,对截面和杆件两个层次进行分析,采用数值和解析方法来分析和计算柱子的二阶弹塑性性能。

本书的研究内容为:

(1)钢筋混凝土截面承载力的逆算方法。基于承载力极限状态的5个应变区域,混凝土采用完整的抛物线-矩形的本构关系,钢筋采用理想弹塑性的本构关系,以应变为自变量,无需迭代,推导矩形和圆形构件正截面承载能力计算的逆算方法,即由变形求解内力。得到从轴心受拉到轴心受压全部范围的无量纲轴力-弯矩相关曲线,并将计算结果与现行规范和试验结果进行比较。

(2)钢截面的弹塑性弯矩-曲率关系的解析法。在钢材理想弹塑性模型假设下,设置纯弯曲高度系数、受压塑性区高度系数、受拉塑性区高度系数等中间计算参数,同样采用逆算方法对矩形和工字形钢截面进行应变和内力计算公式的推导,得到相应应变变化区域。仅以受拉和受压两个边缘应变为自变量,建立各参变量的解析表达式,及其在弹性、单侧塑性和双侧塑性极限状态的解析表达式。得到轴力不变和曲率不变两种情况下的截面轴力-弯矩-曲率曲线,以及截面的轴力-弯矩相关曲线。这些曲线反映了钢截面的轴力-弯矩-曲率三变量相互间依存和变化的全貌。

(3)钢筋混凝土矩形截面的弯矩-曲率关系的解析法。基于钢截面的逆算求解思路,构造3个可能的应变区域,用来计算达到或未达到截面承载能力的任意受力状态。引入4个系数来确定混凝土抗力及其位置,采用平衡条件推导其解析式。基于这些系数,推导3个应变区域的轴力-弯矩计算的解析式。推导混凝土受压区边缘应变(ε_c)在弯矩-曲率曲线上初始值的解析式,而无须人为假定。通过逐级递增ε_c,无须迭代,采用计算机编程得到从轴心受拉到轴心受压的轴力不变的弯矩-曲率关系曲线,得到屈服曲率、极限曲率和曲率延性系数。通过算例,展示了轴力变化对弯矩-曲率关系影响的全貌,曲率变化对轴力-弯矩关系的影响,以及应变变化对轴力-弯矩关系的影响。

(4)钢筋混凝土柱二阶弹塑性的改进Newmark法。基于解析法计算得到真实的弯矩-曲率关系,对传统Newmark法进行改进,将柱子分段,采用数值积分的梯形法对各节点曲率构成的数组直接积分两次,得到挠度曲线,通过增量加载方式计算柱极限承载力,得到荷载-挠度曲线,通过变化一阶偏心距,得到柱的轴力-弯矩相关曲线。

(5)钢筋混凝土柱二阶弹塑性的图解分析和计算。同样基于真实的弯矩-曲率关系曲线,假设柱子变形为正弦曲线,通过对截面弯矩-曲率曲线上每一点做切线,建立跨中截面弯矩内力和外力平衡的图解分析方法,进而计算柱的挠曲二阶效应。采用分级加载的方法,能够同时得到荷载-挠度曲线的上升段和下降段,以及柱子的轴力-弯矩相关曲线和柱子曲线。

(6)钢筋混凝土柱二阶弹塑性的手算设计方法。基于柱曲率分布的二次抛物线假设,采用虚功原理来计算二阶偏心距,得到简化的平衡方程。对于极限曲率,将精确方法与《混凝土规范》中的简化方法比较和分析,在极限曲率的简化计算模型中考虑配筋率的影响,提出更为合理的简化公式。通过对坐标系的设计和构思,将平衡方程所有可能的解绘制成图形,在二维诺模图中表示长细比、极限曲率、一阶偏心距、总偏心距、配筋率和轴压比6个变量,为设计人员提供了一种简单高效的手算工具。

本书的研究目标为:

(1)得到钢筋混凝土截面的承载力极限状态的所有可能的应变区域。

(2)以解析的方法获得矩形和工字形钢截面的弯矩-曲率关系。

(3)以解析的方法获得钢筋混凝土矩形截面的弯矩-曲率关系。

(4)揭示截面的轴力-弯矩-曲率三个变量关系的变化规律。

(5)改进现有的钢筋混凝土柱二阶弹塑性计算的数值方法。

(6)对钢筋混凝土柱的材料-几何双重非线性相互作用进行图解分析和计算。

(7)提出更为合理的钢筋混凝土矩形截面的极限曲率计算的简化模型。

(8)提供简单的钢筋混凝土柱二阶弹塑性的手算设计工具。

研究方案如图1.11所示。为了完成等偏心受力的两端铰支的钢筋混凝土柱二阶弹塑性的计算和设计，提供了如下3条技术路线：

(1)第7章的手算设计方法，简化最多，在杆件上进行曲率分布的假设，在截面上进行极限曲率的假设，简化的结果是得到能直接用于手算的诺模图，实现钢筋混凝土柱二阶弹塑性的简单计算。

(2)第6章的图解分析和计算，在杆件上进行挠度曲线的假设，在截面上不进行简化而采用真实的弯矩-曲率关系，尽管需要借助计算机完成，但因采用了解析的方法计算，具有非常高的运行效率和较少的输入，便于设计人员操作。

(3)第5章的改进Newmark法几乎没有简化，将柱子分段并采用真实的弯矩-曲率关系，也可以称之为精度高的方法，需要借助计算机完成，相对于第5章输入参数更多，但相对于有限元方法具有更高的效率。

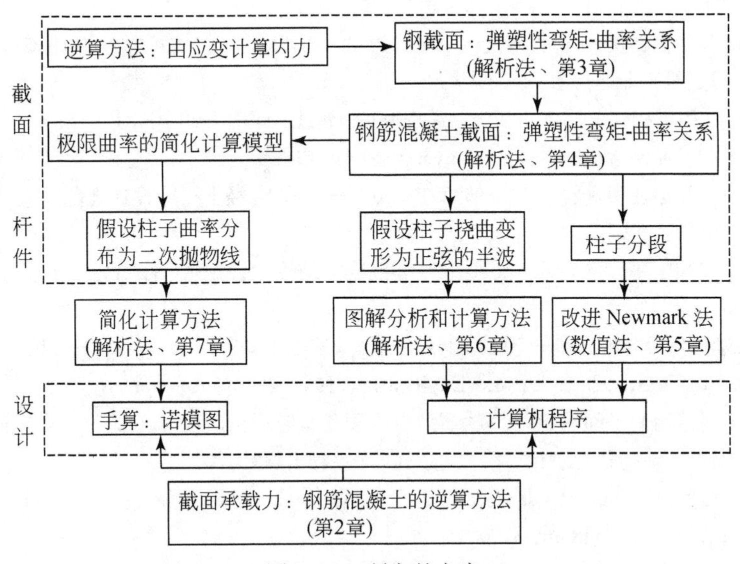

图1.11　研究的方案

在计算方法的验证方面，研究过程主要通过以下4条途径来实现。

(1)与已有的解析公式结果进行对比来验证。例如，矩形钢截面的弯矩-曲率关系已有解析式，本书首先推导这种最简单情况的逆算方法，通过两种方法计算的结果是否吻合来判断。

(2)将计算方法的结果绘制成曲线，通过曲线间的逻辑关系来验证方法的正确性，主要有如下三个方面的内容：

①第2～7章，每一章都将推导方法的计算结果绘制成相应的各种曲线，因而书中出现了大量的曲线，从曲线族变化规律的合理性可以判断计算方法的有效性，如图2.8截面的轴力-弯矩相关曲线所示，随着配筋率的增加，曲线呈现等间隔的

增加，表示承载力与配筋率之间为正相关关系。

②通过两种方法计算的曲线是否重叠来判断，如第 4 章计算的曲率不变的轴力-弯矩曲线的外轮廓线(图 4.9)应该是截面的轴力-弯矩相关曲线，因而可采用第 2 章的方法计算和对比来判断。

③同一问题不同方法之间的相互对比，如第 5～7 章三种方法之间的对比和分析(图 7.7)。

④与现有的规范方法计算的结果对比，包括《混凝土规范》《公路钢筋混凝土及预应力混凝土桥涵设计规范》(JTG D62—2004)[76](以下简称《公路混凝土规范》)和《欧洲规范 2》。

⑤与已有的试验结果进行对比。

参考文献

[1] 中华人民共和国住房和城乡建设部．GB 50153—2008 工程结构可靠性设计统一标准[S]. 北京：中国建筑工业出版社，2008.

[2] Bažant Z P, Cedolin L. Stability of Structures: Elastic, Inelastic, Fracture and Damage Theories[M]. New York: Oxford University Press, 1991.

[3] 中华人民共和国住房和城乡建设部．GB 50010—2010 混凝土结构设计规范[S]. 北京：中国建筑工业出版社，2010.

[4] 中华人民共和国建设部．GB 50010—2002 混凝土结构设计规范[S]. 北京：中国建筑工业出版社，2002.

[5] Edwards N P, Billington D P. FE analysis of tucker high school roof using nonlinear geometry and creep[J]. Journal of Structural Engineering, 1998, 12(49): 984—991.

[6] 童根树．钢结构的平面内稳定[M]. 北京：中国建筑工业出版社，2005.

[7] 周绪红，郑宏．结构稳定理论[M]. 北京：高等教育出版社，2010.

[8] European Commitee for Standardization. EN1992-1-1 Eurocode 2, Design of concrete structures [S]. Berlin: Beuth Verlag GmbH, 2004.

[9] European Concrete platform ASBL. Eurocode 2 Commentary [M]. Brussels: European Concrete Platform ASBL, 2008.

[10] 白绍良，魏巍，王志军，等．偏心受压柱考虑二阶效应的实用计算方法[C]//中国建筑科学研究院．混凝土结构设计．北京：中国建筑工业出版社，2003.

[11] ACI. 318—14 Building code requirements for structural concrete and commentary [S]. Michigan: American Concrete Institute, 2014.

[12] Chen W F. Structural stability: From theory to practice[J]. Engineering Structures, 2000, 22(2): 116—122.

[13] 中华人民共和国住房和城乡建设部．JGJ 3—2010 高层建筑混凝土结构技术规程[S]. 北京：中国建筑工业出版社，2010.

[14] 童根树，施祖元，李志飚．计算长度系数的物理意义及对各种钢框架稳定设计方法的评论[J]. 建筑钢结构进展，2004, 6(4): 1—8.

[15] 仇一颗,易伟建,袁贤讯. 钢筋混凝土框架柱计算长度设计方法研究[J]. 湖南农业大学学报(自然科学版),2002,28(1):67—70.
[16] 中华人民共和国建设部. GB 50017—2003 钢结构设计规范. 北京:中国计划出版社,2003.
[17] 耿旭阳,周东华,陈旭,等. 确定受压柱计算长度的通用图表[J]. 工程力学,2014,31(8):154—160,174.
[18] 柏拉希. 金属结构的屈曲强度[M]. 同济大学钢木结构教研室译. 北京:科学出版社,1965.
[19] 铁摩辛柯 S P,盖莱 J M. 弹性稳定理论[M]. 第二版. 张福范译. 北京:科学出版社,1956.
[20] 陈绍蕃. 钢结构稳定设计指南[M]. 北京:中国建筑工业出版社,1996.
[21] Engesser F. Ueber die Knickfestigkeit gerader Stäbe[J]. Zeitschrift für Architektur und Ingenieurwesen,1889,35:455.
[22] Considère A. Resistance des Pièces comprimèes[J]. Congrès international des procèdès de construction,1891,3:371.
[23] Shanley F R. Inelastic Column Theory[J]. Journal of the Aeronautical Sciences, 1947, 14(5):261-268.
[24] 钱冬生. 钢压杆的承载力[M]. 北京:人民铁道出版社,1980.
[25] 王仕统. 结构稳定[M]. 广州:华南理工大学出版社,1997.
[26] MacGregor J G, Breen J E, Pfrang E. Design of slender concrete columns[J]. ACI Journal Proceedings, ACI, 1970, 67(1):6—28.
[27] 毕尔格麦斯特 G,斯托依普 H. 稳定理论[M]. 北京:中国工业出版社,1964.
[28] 舒兴平,沈蒲生. 平面钢框架结构二阶效应的有限变形理论分析[J]. 钢结构,1999,14(1):5—9.
[29] 陈惠发. 钢框架稳定设计[M]. 周绥平译. 上海:世界图书出版公司,1999.
[30] 吕烈武. 结构构件稳定理论[M]. 北京:中国建筑工业出版社,1983.
[31] 李开禧,肖允徽. 逆算单元长度法计算单轴失稳时钢压杆的临界力[J]. 重庆建筑工程学院学报,1982,(4):26—45.
[32] 陈骥. 钢结构稳定理论与设计[M]. 第四版. 北京:科学出版社,2008.
[33] 班慧勇. 高强度钢材轴心受压构件整体稳定性能与设计方法研究[D]. 北京:清华大学,2012.
[34] Newmark N M. Numerical procedure for computing deflections, moments, and buckling loads[J]. Transactions of the American Society of Civil Engineers, 1943, 108(1):1161—1188.
[35] 莱昂哈特 F,门希 E. 钢筋混凝土结构设计原理[M]. 程积高等译. 北京:人民交通出版社,1991.
[36] Karman T V. Untersuchungen über Knickfestigkeit[M]//Mitteilungen über Forschungsarbeiten auf dem Gebiete des Ingenieurwesens insbesondere aus den Laboratorien der technischen Hochschulen. Heidelberg: Springer Berlin Heidelberg, 1910:1-44.
[37] Chwalla E. Theorie des aussermittig gedrückter Stäbes aus Baustahl. Der Stahlbau, 1934, 7.

[38] Ojalvo M, Fukumoto Y. Nomographs for the Solution of Beam-Column Problems[M]. New York: Welding Research Council bulletin, 1962.

[39] Lu L W, Kamalvand H. Ultimate Strength of Laterally Loaded Columns[M]. Bethlehem: Lehigh University Institute of Research, 1966.

[40] Ježek K. Die Festigkeit von Druckstäben aus Stahl[M]. Vienna: Julius Springer, 1937.

[41] CEB FIP. 压屈和失稳手册(Manual of Buckling and Instability1978)[M]. 陆竹卿等译 . 成都:西南交通大学科技情报研究室,1983.

[42] Comite Euro-International Du Beton. CEB-FIP Model Code 1990[S]. London: Thomas Telford, 1993.

[43] *fib*. Structural Concrete Textbook on Behaviour, Design and Performance[M]. Lausanne: *fib* bulletin 52, 2010.

[44] Quast U. Geeignete Vereinfachungen für die Lösung des Traglastproblems der Ausmittig Gedrückten [D]. Braunschweig: Technischen Universität Carolo-Wilhelmina zu Braunschweig, 1970.

[45] Cranston W B. Analysis of Slender Biaxially Loaded Restrained Columns[R]. Cement and Concrete Association, Research report, 1982.

[46] Khuntia M, Ghosh S K. Flexural stiffness of reinforced concrete columns and beams: analytical approach[J]. ACI Structural Journal, 2004, 101(3): 351—363.

[47] Tikka T K, Mirza S A. Nonlinear EI equation for slender reinforced concrete columns[J]. ACI Structural Journal, 2005, 102(6): 839—848.

[48] Kwak H G, Kim J K. Nonlinear behavior of slender RC columns(2) introduction of design formula[J]. Construction and Building Materials, 2006, 20(8): 538—553.

[49] Pallarés L, Bonet J L, Fernandez M A, et al. Cm factor for non-uniform moment diagram in RC columns[J]. Engineering structures, 2009, 31(7): 1589—1599.

[50] Kwak H G, Kwak J H. An improved design formula for a biaxially loaded slender RC column[J]. Engineering Structures, 2010, 32(1): 226—237.

[51] Barros H, Silva V D, Ferreira C. Second order effects in slender concrete columns-reformulation of the Eurocode 2 method based on nominal curvature[J]. Engineering Structures, 2010, 32(12): 3989—3993.

[52] Bonet J L, Romero M L, Miguel P F. Effective flexural stiffness of slender reinforced concrete columns under axial forces and biaxial bending[J]. Engineering Structures, 2011, 33(3): 881—893.

[53] Tikka T K, Mirza S A. Effective length of reinforced concrete columns in braced frames[J]. International Journal of Concrete Structures and Materials, 2014, 8(2): 99—116.

[54] 丁大钧 . 钢筋混凝土受压构件的纵向弯曲[J]. 南京工学院学报,1979,(2):49—62.

[55] 金国生 . 钢筋混凝土偏心受压中长柱纵向弯曲效应[J]. 西南交通大学学报,1981,(3):121—130.

[56] 陈家夔,崔锦 . 关于修改我国钢筋混凝土结构设计规范(TJ10～74)中偏心距增大系数 η 值的建议[J]. 西南交通大学学报,1982,(3):13—28.

[57]中华人民共和国建设部 . GBJ 10—89 混凝土结构设计规范[S]. 北京:中国建筑工业出版

社,1989.

[58] 陈家夔.(钢筋混凝土构件偏心距增大系数 η 值计算)钢筋混凝土结构设计与构造[M]. 北京:中国建筑科学研究院,1985.

[59] 朱伯龙,董振祥. 钢筋混凝土非线性分析[M]. 上海:同济大学出版社,1985.

[60] 王传志,藤智明. 钢筋混凝土结构理论[M]. 北京:中国建筑工业出版社,1985.

[61] 刘南科,周基岳,肖允徽,等. 钢筋混凝土框架的非线性全过程分析[J]. 土木工程学报,1990,(4):2—14.

[62] 白绍良,卫东. 用非线性分析确定钢筋砼框架柱的二阶弯矩及当量长度[J]. 建筑结构学报,1992,13(2):11—20.

[63] 王志军,白绍良,高晓莉. 对钢筋混凝土偏压杆件偏心距增大系数中截面曲率修正系数的讨论[J]. 重庆建筑大学学报,1999,21(5):1—9.

[64] 刘毅,魏巍,白绍良. 考虑非弹性特征的钢筋混凝土框架杆件刚度折减系数[J]. 重庆建筑大学学报,2000,22(1):25—32.

[65] 李新荣,秦文钺,白绍良. 两端不等偏心距钢筋混凝土柱二阶效应试验研究[J]. 重庆建筑大学学报,2000,22(S1):41—46.

[66] 魏巍,朱爱萍,刘毅,等. 考虑 P-δ 效应的钢筋混凝土框架柱设计方法[J]. 建筑结构学报,2006,27(5):64—71.

[67] 方志. 钢筋砼偏压柱的非线性分析[J]. 湖南大学学报,1992,19(6):63—70.

[68] 叶英华,刁波,林少书. 双向偏心受压钢筋混凝土柱稳定性分析[J]. 建筑结构学报,1998,19(2):44—49.

[69] 李志渊,陈全红. 钢筋砼长柱偏心距增大系数计算方法比较[J]. 兰州交通大学学报(自然科学版),2007,26(4):66—69.

[70] 毛达岭. 500MPa级钢筋混凝土受压构件受力性能研究[D]. 郑州:郑州大学,2008.

[71] 易伟建,雷国强. 锈蚀钢筋混凝土偏心受压柱承载力试验研究[J]. 湖南大学学报(自然科学版),2008,35(3):6—10.

[72] 王依群,孙福萍. 双向偏压钢筋混凝土细长柱的配筋计算[J]. 建筑结构,2010,40(3):85—88.

[73] 许晶,贡金鑫. 无侧移钢筋混凝土柱荷载-变形特征及非线性二阶效应[J]. 建筑结构学报,2012,33(5):93—104.

[74] 童岳生,车佳玲,童申家,等. 钢筋混凝土单层排架柱二阶效应的分析与计算[J]. 土木工程学报,2013,46(12):9—17.

[75] 陈宝春,林上顺. 钢筋混凝土偏压柱承载力计算中的曲率影响系数[J]. 建筑结构学报,2014,35(3):156—163.

[76] 中交公路规划设计院. JTG D62－2004 公路钢筋混凝土及预应力混凝土桥涵设计规范[S]. 北京:人民交通出版社,2004.

第 2 章　混凝土截面承载力的逆算方法

2.1 概　　述

截面承载能力也称为截面强度，对于钢筋混凝土短柱，截面承载力是其极限承载力，对于钢筋混凝土细长柱，截面承载力是其极限承载力的上限值，因此，柱的稳定分析首先要确定的是截面承载力的计算方法。通常采用图 2.1 所示的轴力-弯矩相关曲线来表示截面承载力。所谓“相关”指的是轴力和弯矩两个变量不是独立的，是相互关联的。具体而言：当弯矩为 0 时，轴力达到最大值，如图 2.1 中的轴心受压点和轴心受拉点；当轴力位于大小偏压分界点以下时，两者为正相关关系；当轴力位于大小偏压分界点以上时，两者为负相关关系。一个截面的承载力对应轴力-弯矩的一组数值，将其用图形表示就得到图 2.1 中的相关曲线。

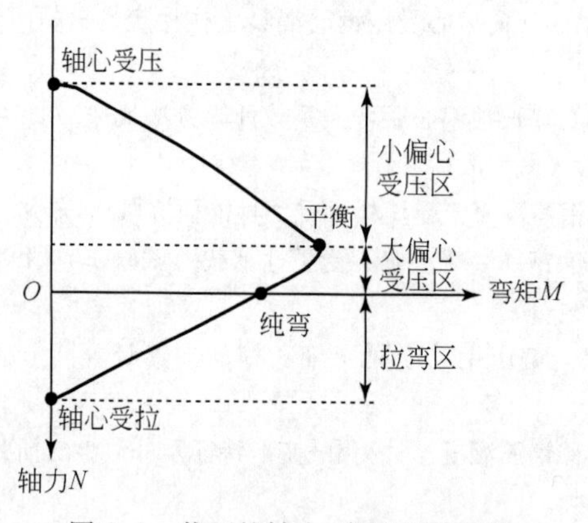

图 2.1　截面的轴力-弯矩相关曲线

《混凝土规范》给出了图 2.1 中 7 个不同的受力状态的 7 类公式，分别是受弯(纯弯)、轴心受压、小偏心受压、大偏心受压、轴心受拉、拉弯区(包括小偏心受拉和大偏心受拉)。尽管规范给出的是解析公式，但在使用上还是不方便，需先判断截面的受力状态，再套用相应公式。此外，在这些公式推导中采用了混凝土应力-应变关系的等效矩形模型，存在某种程度的近似和简化。

通常的数值方法又需要迭代求解[1]，迭代一次仅得到一组 M-N 极限值，效率不高。为此，本书采用由应变求解内力的逆算方法(通常将由内力求解变形的过程称为正算，由变形求解内力的过程称为逆算)，参考《欧洲规范 2》的极限承载力状态的应变变化区域，得出适用于我国的截面承载力极限状态所有可能的应变分布(图 2.6)。分别给出了钢筋混凝土矩形、圆形和环形截面的计算过程，得到相应的轴力-弯矩相关曲线或图表。并将钢筋混凝土圆形截面的计算结果分别与试验结果和规范结果进行对比验证。这一过程不对钢筋和混凝土的应力-应变关系进行简化，因此在精度上是有保证的。

2.2　计算的依据

2.2.1　基本假定

(1)变形后截面仍满足平截面假定。

(2)假设钢筋与混凝土之间没有相对滑移，即受拉或受压钢筋的应变与其周围混凝土(同一高度位置)的应变相同。

(3)不考虑与时间相关的非弹性性能，如混凝土由于自身的材料特性产生的收缩，混凝土在长期荷载作用下产生的徐变。

(4)不考虑受拉区混凝土裂缝间的拉伸硬化作用，并假设混凝土抗拉强度为 0，这一假定使得计算结果偏于安全。

(5)应变、应力和轴力均以受拉为正，受压为负。

以上这些基本假定适用于全书。

2.2.2　本构关系

1. 钢筋的应力-应变关系

钢筋的本构关系采用理想弹塑性模型，抗拉和抗压性能相同，如图 2.2(a)所示。

钢筋应力(σ)和应变(ε)的数学表达式为

$$\sigma=\begin{cases}-f_y, & \varepsilon<-\varepsilon_y \\ E_s\varepsilon, & |\varepsilon|<\varepsilon_y \\ f_y, & \varepsilon>\varepsilon_y\end{cases}$$

$$\varepsilon_y=\frac{f_y}{E_s} \tag{2.1}$$

式中，f_y为钢筋抗拉(压)强度设计值；E_s为钢筋的弹性模量；ε_y为钢筋屈服应变设计值。

须指出，本书 ε_y是标量，不带正负号。钢筋极限应变值采用《混凝土规范》第 6.2.1 条中的规定，即 10‰。

2. 混凝土的应力-应变关系

采用《混凝土规范》第6.2.1条中假设的混凝土应力-应变关系，即对于C50及以下的混凝土，轴心抗压极限应变设计值 $\varepsilon_0=-2‰$，极限压应变设计值 $\varepsilon_{cu}=-3.3‰$。这样，混凝土的本构关系为抛物线-矩形模型，如图2.2(b)所示，混凝土应力 σ 和应变 ε 的数学表达式为

$$\sigma=\begin{cases}0, & \varepsilon\geqslant 0\\ f_c(\varepsilon+0.25\varepsilon^2), & 0>\varepsilon\geqslant -2‰\\ -f_c, & -2‰>\varepsilon\geqslant -3.3‰\end{cases} \tag{2.2}$$

式中，f_c为混凝土抗压强度设计值。

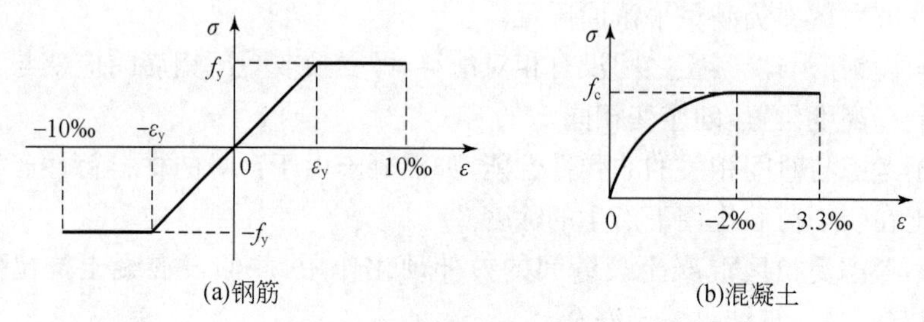

图2.2　钢筋和混凝土的本构关系

2.2.3　应变之间的换算关系

对于细长构件，由于剪切变形相对于弯曲变形较小，可以略去，因此，构件在变形时截面仍然保持为平面。经过大量的试验验证，这一假定在多数情况下具有可靠性，仅不适用于高剪力区或长细比≤2的情况，如深梁和剪力墙[2]。

沿构件长度方向(纵向)取一长度 ds 的微段进行分析，图2.3为微段的弯曲变形和截面的纵向应变(正应变)。在平截面假设条件下，截面应变成直线变化，即沿

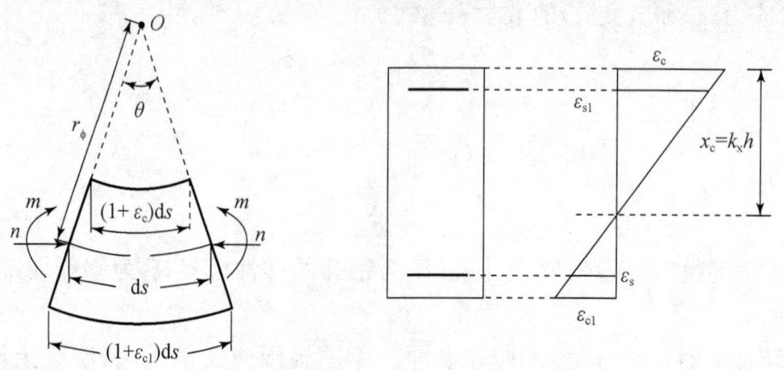

图2.3　杆件微段的变形和截面的正应变

截面高度方向的纤维应变值与该纤维到中性轴之间的距离成正比。这一线性关系意味着由两个应变量便可确定截面的应变图或应变状态，并且由两个应变量就可建立应变之间的相互换算关系。

例如，对于双侧配筋的钢筋混凝土截面，截面上4个位置的应变是：混凝土上边缘应变 ε_c、下部钢筋应变 ε_s、混凝土下边缘应变 ε_{c1} 和上部钢筋应变 ε_{s1}。

在平截面假设下这四个变量之间的换算表达式为

$$\begin{cases} \varepsilon_{c1} = \varepsilon_c + \dfrac{\varepsilon_s - \varepsilon_c}{h - a_s} h \\ \varepsilon_{s1} = \varepsilon_c + \dfrac{\varepsilon_s - \varepsilon_c}{h - a_s} a_s \\ \varepsilon_{s1} = \varepsilon_c + \dfrac{(\varepsilon_{c1} - \varepsilon_c) a_s}{h} \\ \varepsilon_s = \varepsilon_c + \dfrac{\varepsilon_{c1} - \varepsilon_c}{h - a_s} h \end{cases} \tag{2.3}$$

式中，a_s 为纵向钢筋受力点与截面近边缘之间的距离。

2.2.4　应变和曲率之间的关系

曲率是反映杆件弯曲程度的基本变量，而构件的大部分变形与弯曲变形有关，曲率越大，弯曲变形越大。如图2.3所示，O 点为构件纵轴在该微段的曲率中心，r_ϕ 为曲率半径，曲率为

$$\Phi = \frac{1}{r_\phi}$$

由几何关系，曲率与微段两个端截面之间的相对转角 θ 之间的关系式为

$$\Phi = \frac{1}{r_\phi} = \frac{d\theta}{ds}$$

弯曲变形后，微段凹向边缘长度为 $(1+\varepsilon_c)ds$，凸向边缘长度为 $(1+\varepsilon_{c1})ds$。这样，可以推导出应变和曲率半径之间的关系式为

$$\frac{ds}{r_\phi} = \frac{(\varepsilon_{c1} - \varepsilon_c)ds}{h}$$

为了消除截面高度对计算结果的影响，采用无量纲形式的曲率 ϕ，即

$$\phi = \Phi h = \frac{h}{r_\phi} \tag{2.4}$$

由两个应变来计算曲率的数学表达式为

$$\begin{cases} \phi = \varepsilon_{c1} - \varepsilon_c \\ \phi = \dfrac{\varepsilon_s - \varepsilon_c}{h - a_s} h \end{cases} \tag{2.5}$$

值得注意的是，式(2.3)和式(2.5)的推导过程仅利用了几何相容关系，与截面

的形状和材料的应力-应变本构关系无关，因此，适用于任意截面形状和弹性、弹塑性等各种材料类型。

2.2.5　中性轴位置与截面的受力状态

引入一个无量纲参数：中性轴位置系数 k_x，它是中性轴与截面上边缘之间的距离与截面高度的比值，负号表示中性轴位于截面上边缘的上面，正号表示中性轴位于截面上边缘的下面。混凝土受压区高度 $x_c = k_x h$。同样，由图 2.3 中的几何关系，得到应变与 k_x之间的数学计算式，即

$$k_x = \frac{-\varepsilon_c}{\varepsilon_{c1} - \varepsilon_c} \tag{2.6}$$

可以通过中性轴的位置(k_x的数值)来判断截面的受力状态。中性轴的位置可以分为如下三种情况：

(1)如图 2.4(a)所示，当 $k_x < 0$ 时，中性轴位于截面上边缘外，全截面处于受拉应力状态。最极端的情况，当 $k_x = -\infty$时，即中性轴位于上面无穷远处，截面为轴心受拉状态。

(2)如图 2.4(b)所示，当 $0 \leqslant k_x \leqslant 1$ 时，中性轴位于截面内，截面处于部分受压和部分受拉状态。

(3)如图 2.4(c)所示，当 $k_x > 1$ 时，中性轴位于截面外，全截面处于受压状态。最极端的情况，当 $k_x = +\infty$时，即中性轴位于下面无穷远处，截面为轴心受压状态。

显然，当 k_x由$-\infty$变化至$+\infty$时，中性轴位置逐渐下移，由截面的上面无穷远处至下面无穷远处，截面的受力状态也由轴心受拉变化至轴心受压。

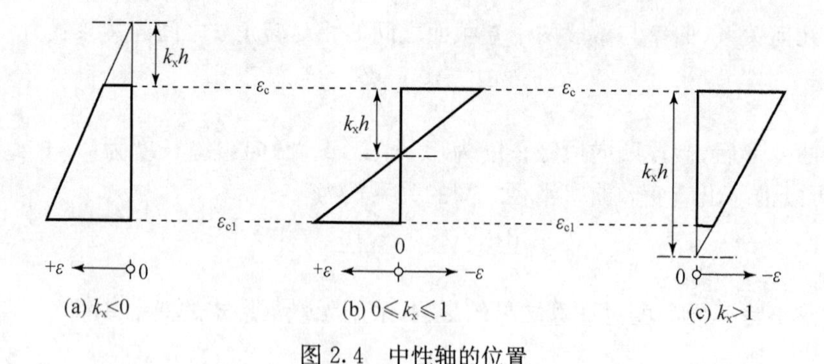

图 2.4　中性轴的位置

2.2.6　极限状态可能的应变分布

逆算方法是以应变为自变量，首先是要确定就是所有可能的应变分布。而采用在应力图中绘制出应变区域的表示方法更为直观，《欧洲规范 2》第 6.1 条就给出了极限状态可能的应变分布图，如图 2.5 所示。

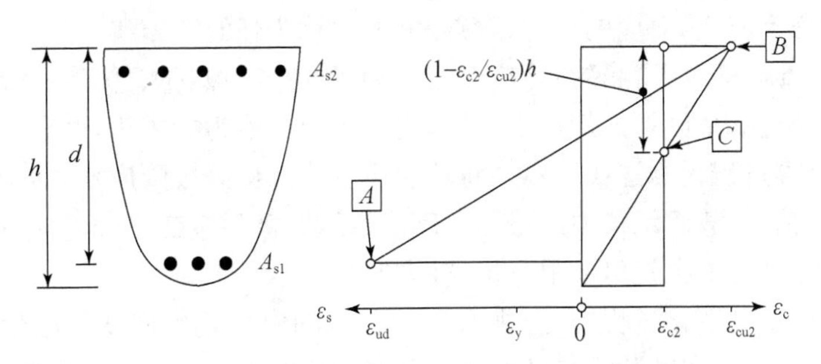

图 2.5　承载力极限状态可能的应变分布

图中，A_{s1} 和 A_{s2} 分别表示下部和上部纵向钢筋的面积；d 为截面有效高度；ε_c、ε_{c2} 和 ε_{cu2} 分别表示混凝土的应变、轴心抗压极限设计值和极限压应变设计值；ε_s、ε_{ud} 和 ε_y 分别表示钢筋的应变、极限拉应变设计值和钢筋屈服应变；A、B 和 C 分别表示钢筋拉应变的极限点、混凝土压应变的极限点和混凝土轴心受压应变的极限点；C 点又称为旋转点，用符号 R_0 表示。

参考《欧洲规范 2》以及我国《混凝土规范》第 6.2.1 条中的内容，得到适用于我国的钢筋混凝土截面所有可能的应变分布，如图 2.6 所示。

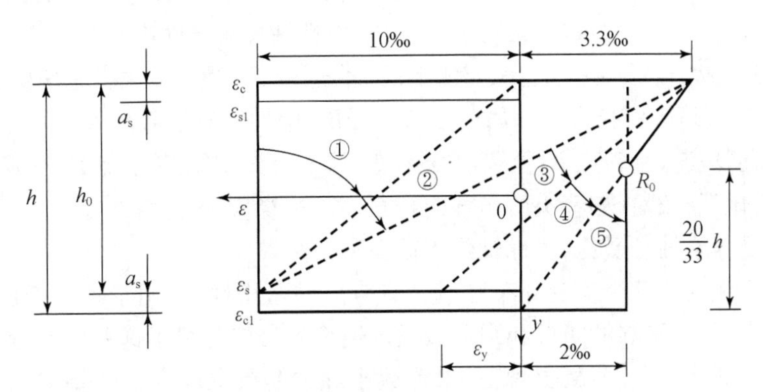

图 2.6　承载力极限状态可能的应变分布

图 2.6 的应力图是以截面的中点为坐标原点，以截面高度方向为纵坐标 y，向下为正，正应力为横坐标 ε。纵坐标左边为受拉区，右边为受压区，R_0 为旋转点，它是截面上边缘应变 $\varepsilon_c=-3.3‰$ 和截面下边缘应变 $\varepsilon_{c1}=0$ 的连线与截面应变 $\varepsilon=-2‰$ 垂线的交点，由几何关系可知，R_0 距截面下边缘距离为 $\frac{20}{33}h$，本书把这一点的应变值用变量 ε_r 表示。

图 2.6 给出了承载力极限状态可能的应变分布，包含两方面的内容：

(1)外轮廓线即图 2.6 中的粗实线是应变图的界线，应变不能超出粗实线的范围，否则属于截面强度破坏，即应变能够在粗实线范围内任意变化，本书将这一应变状态称为任意应变,对应的内力(弯矩和轴力)称为任意弯矩-轴力。

(2)图 2.6 中的 5 条粗虚线将应变划分为了 5 个区域:①、②、③、④和⑤,当且仅当应变按照这 5 个区域的规律变化时,得到的内力值为极限值,两者为一一对应关系,因而计算过程无需迭代。本书将这一应变状态称为极限应变,对应的内力称为极限弯矩-轴力(截面承载力或截面强度)。显然,极限应变是任意应变的特殊情况,任意弯矩-轴力不会超出极限弯矩-轴力的范围。

在极限应变的变化过程中,至少有一个位置的应变达到应变极限值并在这一区域内保持不变[2],即区域①和区域②的下部钢筋应变 $\varepsilon_s=10‰$,区域③和区域④的混凝土上边缘应变 $\varepsilon_c=-3.3‰$,区域⑤的旋转点位置应变 $\varepsilon_r=-2‰$。

这 5 个区域的截面应变规律和受力情况如下所述:

(1)在区域①,下部钢筋应变不变,即 $\varepsilon_s=10‰$,截面上边缘位置应变 ε_c 由 10‰变化至 0(如箭头所指方向),属于轴心受拉或小偏心受拉,中性轴位于截面上边缘外。

(2)在区域②,下部钢筋应变不变,即 $\varepsilon_s=10‰$,ε_c 由 0 变化至 −3.3‰(如箭头所指方向),属于大偏心受拉、纯弯或大偏心受压,中性轴位于截面内。

(3)在区域③,混凝土上边缘应变不变,即 $\varepsilon_c=-3.3‰$,ε_s 由 10‰变化至 ε_y(如箭头所指方向),属于大偏拉、纯弯或大偏压,中性轴位于截面内。

(4)在区域④,混凝土上边缘应变不变,即 $\varepsilon_c=-3.3‰$,下边缘应变由 $\varepsilon_s=\varepsilon_y$ 变化至 $\varepsilon_{c1}=0$(如箭头所指方向),属于小偏心受压,中性轴位于截面内。

(5)在区域⑤,旋转点 R_0 位置应变不变,即 $\varepsilon_r=-2‰$,应变绕 R_0 点旋转,ε_c 由 −3.3‰变化至 −2‰(如箭头所指方向),截面下边缘应变 ε_{c1} 由 0 变化至 −2‰,属于小偏心受压或轴心受压,中性轴位于截面下边缘外。

极限应变的这 5 个应变分布区域具有较广的适用性,可用于各种截面形状的钢筋混凝土,下面推导的矩形和圆形截面的逆算方法都是基于这一应变分布区域。该应变分布既能满足《混凝土规范》对混凝土和钢筋极限应变值的要求,又能填补由于混凝土等效矩形应力换算而产生的两个空缺区域,即图 2.6中的区域②和区域⑤,《混凝土规范》目前只涵盖①、③和④三个区域[3~5]。

2.3 任意截面轴力-弯矩关系的数值计算

2.3.1 计算思路

构件的正截面承载力(弯矩和轴力)为截面的强度性能,主要取决于截面的尺寸和材料。对于钢筋混凝土截面,承载力的影响因素有纵向钢筋面积、强度和其位置,以及混凝土截面形状、尺寸和强度,承载力的计算涉及材料非线性分析,如钢筋的屈服和混凝土的开裂。弯矩和轴力之间是相互耦合的相关关系，因此，通常用轴力-弯矩相关曲线(图 2.1)来表示截面承载力或截面强度。

目前，轴力-弯矩相关关系的计算方法主要有如下几种：

(1)利用《混凝土规范》或者《公路混凝土规范》[6]中简化计算公式的方法，如《混凝土结构计算手册》[7]利用规范简化计算公式获得了轴力-弯矩相关曲线。该方法概念清晰，容易理解，但规范中的公式采用了混凝土应力计算的等效矩形模型[8]，使得曲线在精度上有一定的偏差。而且，对于矩形截面需要区分大、小偏心等情况而采用不同的公式，对于圆形截面需要联立求解超越方程组导致过程复杂[9,10]。此外，绘制出的曲线还不能涵盖从轴心受拉到轴心受压的全部范围。

(2)采用数值迭代法求解，这一方法适用范围广且具有一般性，可用于任意本构关系、任何截面形状和配筋分布等情况。然而，这一过程因需要迭代而复杂，对于相关曲线上的每一个点，首先给定一个轴力值，由迭代找到满足轴力平衡条件的曲率值，再确定弯矩-曲率关系曲线，最后由极限曲率得到相应的弯矩值。

(3)采用《混凝土规范》附录 E 中任意截面正截面承载力的计算方法，这一方法同样具有应用范围广的优点。然而在计算极限曲率时仅考虑了两种极限应变情况，即下部受拉钢筋应变 $\varepsilon_s=10‰$和混凝土受压边缘应变 $\varepsilon_c=-3.3‰$，缺少大轴压力的情况，即图 2.6 中的区域⑤$\varepsilon_r=-2‰$。

为此，基于 2.2.6 节中极限状态截面可能的应变分布规律(图 2.6)，提出一种新的任意截面钢筋混凝土构件正截面承载能力的逆算方法，即由极限应变求解极限内力。

极限应变按照图 2.6 所示的箭头方向由左边区域①变化至区域⑤，由这些极限应变计算得到极限内力，极限内力从轴心受拉、拉弯、纯弯、压弯变化至轴心受压。若计算出 5 个区域所有极限应变对应的极限内力值，则可以得到从轴心受拉到轴心受压的轴力-弯矩的全部结果，将这些结果绘制成图形，可得到轴力-弯矩相关曲线。

2.3.2　计算过程

(1)将截面划分为有限个条带(或者单元)，假设各条带内的应变和应力均匀分布，其合力点在条带的重心处。

(2)按照图 2.6 所示的可能的应变分布，任取两个边缘应变量作为自变量，如 ε_c、ε_{c1}。从区域①至⑤，依次列出定义域，根据精度要求确定自变量的取值间隔，如取 0.1‰。

(3)在定义域内，按照平截面假定和几何相容性本构关系，由每一组已知的两个边缘应变自变量计算各条带的应变。

(4)由本构关系计算各条带的应力。

(5)按照轴力和弯矩的平衡条件，对各条带上的应力积分可得到轴力，条带上的应力对形心轴取矩后，再积分可得到弯矩，得到每一组 ε_c-ε_{c1} 对应的一组轴力-弯矩值。

(6)将所有的轴力-弯矩值绘制成图形，得到轴力-弯矩相关曲线。

上述由 ε_c-ε_{c1} 求解轴力-弯矩的过程可以通过数值积分的方法来完成。该方法计算简单，概念清晰，无须迭代，由每一组确定的极限应变计算出的内力必然是极限内力，两者为一一对应关系。同时，具有应用范围广的优点，可用于任意的本构关系、任何截面形状和配筋分布等情况。

2.4 矩形截面的数值计算

2.4.1 计算简图

以对称配筋的矩形截面为研究对象，截面尺寸为 $b \times h$，上部和下部钢筋面积均为 A_s，计算简图如图 2.7 所示。沿截面高度方向将截面分为若干个条带。在轴力-弯矩作用下，截面产生变形，此时若截面上、下边缘应变 ε_c、ε_{c1} 已知，则可计算出其对应的弯矩和轴力。

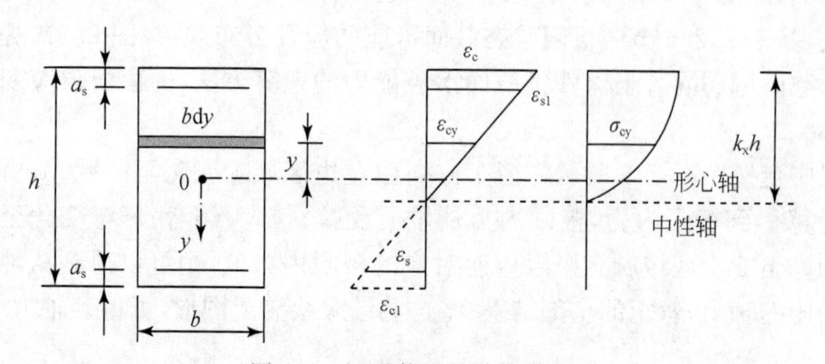

图 2.7 矩形截面的计算简图

2.4.2 计算公式

计算过程中以应变 ε_c、ε_{c1} 为自变量。截面抗力由钢筋和混凝土两部分构成，符合叠加原理。

1) 钢筋内力计算

由应力间的换算关系式(2.3)计算钢筋应变 ε_{s1}、ε_s，代入本构关系式(2.1)得到钢筋应力 σ_{s1}、σ_s，由力的平衡关系可得钢筋的轴力 N_s 和弯矩 M_s：

$$\begin{cases} N_s = A_s(\sigma_s + \sigma_{s1}) \\ M_s = \dfrac{A_s(\sigma_s - \sigma_{s1})(0.5h - a_s)}{h} \end{cases} \tag{2.7}$$

2) 混凝土内力计算

如图 2.7 所示，任意截面条带高度坐标 x 的混凝土微段面积为 $b\mathrm{d}y$，对应的混凝土应变 ε_{cy} 为

$$\varepsilon_{cy} = \varepsilon_c + \left(0.5 - \frac{y}{h}\right)\phi \tag{2.8}$$

代入式(2.2)得到混凝土应力 σ_{cy}，由力的平衡关系得到混凝土的轴力 N_c 和弯矩 M_c：

$$\begin{cases} N_c = bh\displaystyle\int_{-0.5}^{k_x-0.5} \sigma_y \mathrm{d}y \\ M_c = bh\displaystyle\int_{-0.5}^{k_x-0.5} \sigma_y y \mathrm{d}y \end{cases} \tag{2.9}$$

若分别将混凝土和钢筋的轴力和弯矩相叠加，便得到截面的总的轴力和弯矩：

$$\begin{cases} N = N_c + N_s \\ M = M_c + M_s \end{cases} \tag{2.10}$$

2.4.3　算例

对于某钢筋混凝土矩形截面，$b \times h = 400\text{mm} \times 600\text{mm}$，$a_s = 0.1h$，C30 混凝土，HRB500 钢筋。查询《混凝土规范》可知：$f_c = 14.3\text{N/mm}^2$，$f_y = 435\text{N/mm}^2$。考查配筋率 ρ 的 5 种情况，$\rho = 0, 0.5\%, 1\%, 1.5\%, 2\%$，采用上述方法计算这些参数所有的轴力-弯矩数值，将结果用图形表示，如图 2.8 所示。图中曲线表示了截面从轴心受拉到轴心受压的全部承载力。

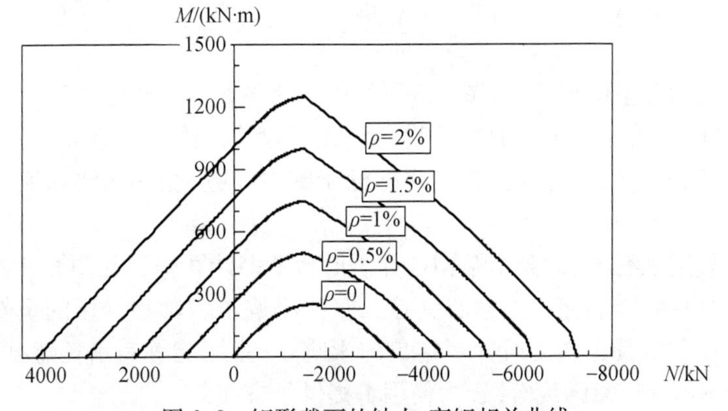

图 2.8　矩形截面的轴力-弯矩相关曲线

从图 2.8 可以看出：

(1)对于某一条特定配筋率的曲线，当荷载(轴力-弯矩)的坐标位于曲线内部，说明作用小于抗力，结构是安全的；反之，当荷载坐标位于曲线外部，超出了截面的承载力，结构是不安全。

(2)混凝土开裂和钢筋屈服等材料非线性因素的作用，使得弯矩和轴力承载力之间表现为非线性相关关系。

(3)随着配筋率的增加，曲线呈等间隔的增加，即承载力与配筋率之间为显著的线性相关关系。

(4)在承载力范围内，任意给定一个弯矩值 M，与曲线有两个交点，即两个不同轴力作用下的弯矩承载力相同。

(5)曲线与横坐标有两个交点，分别是轴心受拉和轴心受压承载力。当配筋率 $\rho=0$ 时，与原点相交，因混凝土抗拉强度假设为 0，轴心抗拉承载力为 0。曲线与纵坐标的交点为纯弯情况。

2.4.4　无量纲的轴力-弯矩相关曲线

图 2.8 在使用上是不方便的，其只能查询满足特定截面尺寸和混凝土强度等级 C30 情况的截面强度。为了计算结果的通用性，采用轴力-弯矩的无量纲形式 n-m，以及强度配筋率 ω，来消除截面尺寸和混凝土强度等级对计算结果的影响，计算表达式如式(2.11)所示，其中，无量纲的轴力 n 也是通常所说的轴压比或轴拉比，强度配筋率 ω 表示的是面积配筋率与钢筋屈服强度和混凝土强度比值的乘积。

$$\begin{cases} n=\dfrac{N}{bhf_c} \\ m=\dfrac{M}{bh^2 f_c} \\ \omega=\dfrac{A_s f_y}{bhf_c}=\rho\dfrac{f_y}{f_c} \end{cases} \tag{2.11}$$

采用变量的无量纲形式后，图 2.8 可以表示为图 2.9。当曲线间隔划分足够细时，图 2.9 能够直接用于短柱的配筋设计和强度验算。因每一条曲线上的配筋是一个常量，当轴力-弯矩已知时，将其坐标标于图中，利用相邻曲线内插，便可得到配筋率。

相对于我国现有的《混凝土结构计算手册》，本书计算得到的图 2.9 的优点是：涵盖范围广，包括从轴心受拉、偏心受拉、纯弯、小偏压和轴心受压的全部范围；消除了截面尺寸和混凝土强度对计算结果的影响，一张图能够表示任意截面尺寸和混凝土 C15～C50 任意强度等级，为使用者提供了方便。

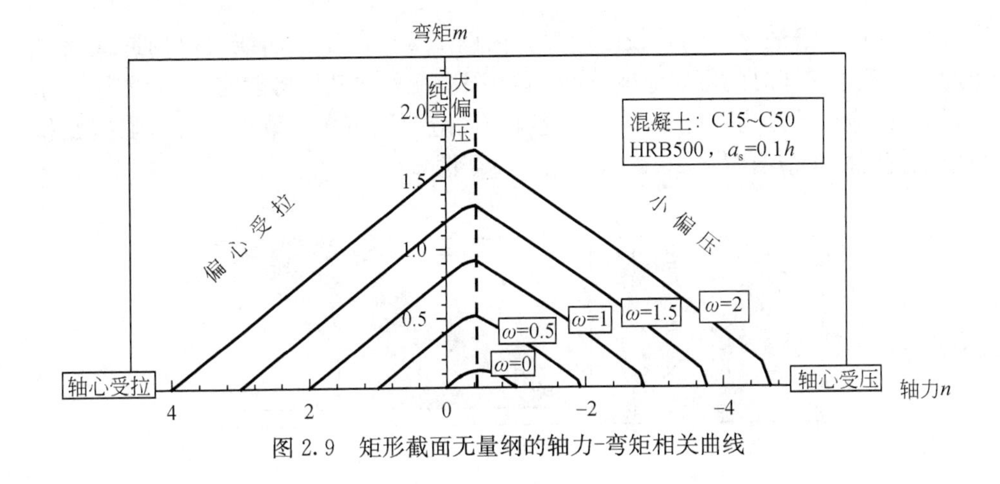

图 2.9　矩形截面无量纲的轴力-弯矩相关曲线

2.5　圆形和环形纯弯截面的解析计算

迄今为止，圆形截面和环形截面的配筋计算是基于《混凝土规范》给出计算公式，这些公式的推导采用了受压区混凝土的等效矩形应力换算，而换算系数又是套用矩形截面时的换算系数，即 $\alpha_1=1.0$ 和 $\beta_1=0.8$，这样就存在两次近似，一是等效矩形应力换算，换算时使得合力点的位置比真实位置外移了 2.9%，导致内力臂增大，偏于不安全；二是套用矩形截面的换算系数，这些近似偏离精确计算的程度，至今没有见到相关的报道。虽然规范公式的推导采用了近似简化，得到的结果却并不实用，因为这些公式是超越方程，需要联立迭代求解，无法手算。对此，本书尝试用新的方法来推导圆形截面和环形截面的配筋计算公式，希望能有以下一些突破：

(1)放弃规范的等效矩形应力图换算的近似简化，严格按《混凝土规范》第 6.2.1 条中混凝土和钢筋的本构关系曲线来推导配筋计算公式，建立精确算法。

(2)通过推导和求解，来获得实用的计算表格，使计算能简单、快速和方便，即一表就能适用于 C50 以下各种混凝土强度等级和任意截面尺寸情况的计算。

怎样实现这两点突破，下面就逐一来解决面临的问题。

2.5.1　计算方法和公式

1. 可能应变区域的构造

梁在极限状态时有两种理论上的破坏类型，一种是受拉区的钢筋先达到极限应变，而受压区的混凝土还未达到极限应变，其强度还未被充分利用，此种破坏为受拉破坏；另一种与前述正好相反，为受压破坏，破坏时受压区混凝土达到极限应变，而受拉区钢筋还未达到其极限应变。由图 2.2 中的本构曲线可以构造或确定出此两种理论破坏时的可能应变，即除了极限应变外的其他可能应变，如受拉破坏时，钢筋的应变始终为受拉极限应变混凝土的应变则有多种取值。由极限应变和可能应变可以构造出图 2.10 所示的两个应变区域。

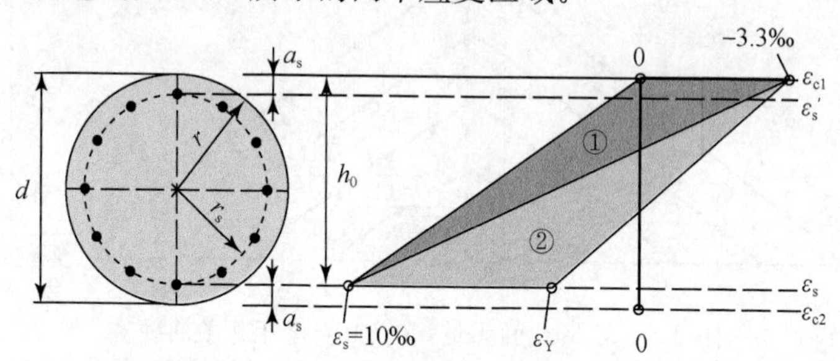

图 2.10 混凝土和钢筋的应变变化区域

区域①对应前述的受拉破坏，钢筋达到极限应变 $\varepsilon_s=10‰$，而受压区混凝土的可能应变是 $\varepsilon_{c1}=-3.3‰\sim0$，随着混凝土可能应变从零增加时，中性轴可从截面上边缘开始下移，受压区高度增加，截面抗弯承载力也随之增大，当混凝土可能应变也达到极限应变（$-3.3‰$）时，便达到前述两种破坏的分界线，若中性轴再下移，则进入另一种破坏类型的范围，即区域②。

区域②对应受压破坏，截面上边缘的混凝土应变达到极限值（$\varepsilon_{c1}=-3.3‰$），而受拉区钢筋的可能应变是 $\varepsilon_s=10‰\sim\varepsilon_y$，随着钢筋可能应变的减小，中性轴将继续下移，受压区高度不断增大，抗弯承载力也继续提高。

区域①和②除了能反映弯曲受力中的两类理论破坏外，还包涵了混凝土和钢筋在极限应变范围内的所有可能应变。有了这两个应变区域，就可以对区域内的可能应变进行变化，再通过本构关系来确定应力的大小，进而计算内力。

2. *混凝土的截面应力和内力的计算*

依据区域①和②内混凝土和钢筋的应变变化，可以容易地由式(2.12)算出受压区高度，即

$$x=\frac{\varepsilon_{c1}}{\varepsilon_{c1}-\varepsilon_s}(d-a_s) \tag{2.12}$$

已知受压区高度 x，利用图 2.11 所示的几何关系可以确定截面高度范围内任意一纤维处的应变，即

$$\varepsilon_{ci}=\frac{z}{x}\varepsilon_{c1} \tag{2.13}$$

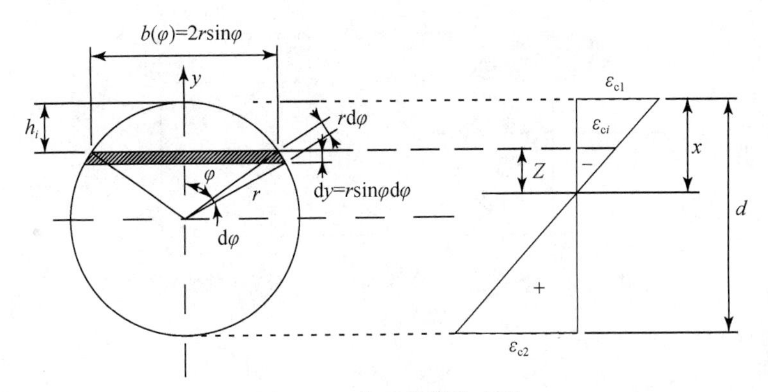

图 2.11　截面参数及应变

利用式(2.13)还不能计算圆内任意纤维处的应变，因 z 与圆内任意纤维的位置没有任何联系，为此要引入一个参数，即弦高 $h_i=r(1-\cos\varphi)$，弦高为零时在圆顶，弦高最大时在圆底，为 $2r$，现可利用 x 和 h_i 之差计算 z，即

$$z=x-h_i=x-r(1-\cos\varphi) \tag{2.14}$$

式中，x 和 h_i 为两个各自独立的变量，x 随截面边缘应变变化，变化范围为零至适筋梁的最大受压区高度；而 h_i 随圆心角 φ 变化，变化范围为圆顶至圆底。当 x 固定时，z 就仅随弦高变化，而弦高又随圆心角 φ 变化，这样就可将任意纤维处的应变变成圆形角的函数，将式(2.14)代入式(2.13)得

$$\varepsilon_{ci}=\frac{x-r(1-\cos\varphi)}{x}\varepsilon_{c1} \tag{2.15}$$

将式(2.15)代入式(2.2)的第 2 式得任意纤维处应力的计算表达式：

$$\begin{aligned}\sigma_{ci}(\varphi)&=-(\varepsilon_{ci}+0.25\varepsilon_{ci}^2)f_c\\&=\left\{\varepsilon_{c1}\left[\frac{r}{x}(1-\cos\varphi)-1\right]-\frac{\varepsilon_{c1}^2}{4}\left[1-\frac{r}{x}(1-\cos\varphi)\right]^2\right\}f_c\\&=\left\{\underbrace{-\left(\frac{r}{x}-1\right)^2\frac{\varepsilon_{c1}^2}{4}-\left(\frac{r}{x}-1\right)\varepsilon_{c1}}_{K_1}+\underbrace{\left[\frac{r}{x}\left(\frac{r}{x}-1\right)\frac{\varepsilon_{c1}^2}{2}+\frac{r}{x}\varepsilon_{c1}\right]}_{K_2}\cos\varphi\underbrace{-\frac{r^2}{x^2}\frac{\varepsilon_{c1}^2}{4}}_{K_3}\cos^2\varphi\right\}f_c\\&=(K_1+K_2\cos\varphi+K_3\cos^2\varphi)f_c\end{aligned} \tag{2.16}$$

区域①中，混凝土的应变是由零开始增加的，其间，应力分布可经历两个阶段，当 $\varepsilon_{c1}\geqslant-2‰$时，为抛物线；当 $\varepsilon_{c1}<-2‰$时，为矩形＋抛物线，下面就分别来计算这两个阶段的内力。

1) 抛物线阶段($\varepsilon_{c1}\geqslant-2‰$)

此段内应力(图 2.12)可由式(2.16)确定，积分后可得到相应的轴力和弯矩。

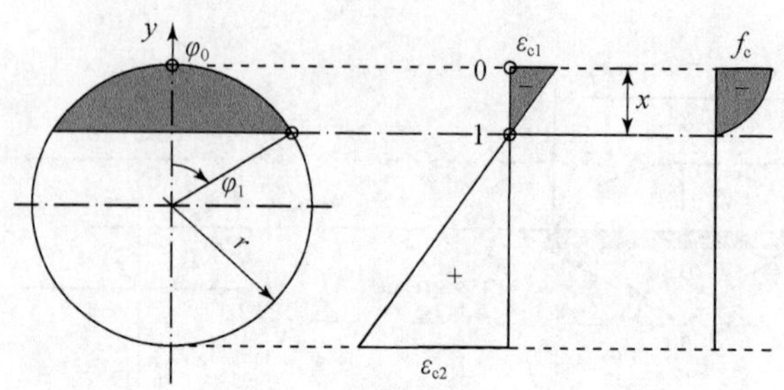

图 2.12　应变 $\varepsilon_{c1} \geqslant -2‰$ 时的应力分布(抛物线)

$$
\begin{aligned}
N_{c1} &= \int_0^x \sigma_{ci}(\varphi) b(\varphi) \mathrm{d}y \\
&= 2r^2 \int_0^x (K_1 + K_2 \cos\varphi + K_3 \cos^2\varphi) \sin^2\varphi \mathrm{d}\varphi \\
&= 2f_c r^2 \left[\left(\frac{\varphi}{2} - \frac{\sin 2\varphi}{4} \right) K_1 + \frac{\sin^3\varphi}{3} K_2 - \left(\frac{\sin\varphi \cos^3\varphi}{4} - \frac{\varphi}{8} + \frac{\sin 2\varphi}{16} \right) \right]_{\varphi_0}^{\varphi_1}
\end{aligned}
\tag{2.17}
$$

$$
\begin{aligned}
M_{c1} &= \int_0^x \sigma_{ci}(\varphi) b(\varphi) r \cos\varphi \mathrm{d}y \\
&= 2r^3 \int_0^x (K_1 + K_2 \cos\varphi + K_3 \cos^2\varphi) \sin^2\varphi \cos\varphi \mathrm{d}\varphi \\
&= 2f_c r^3 \left[\begin{array}{l} \dfrac{\sin^3\varphi}{3} K_1 - \left(\dfrac{\sin\varphi \cos^3\varphi}{4} - \dfrac{\varphi}{8} + \dfrac{\sin 2\varphi}{16} \right) K_2 \\ - \left(\dfrac{\sin\varphi \cos^4\varphi}{5} - \dfrac{\sin\varphi}{5} + \dfrac{\sin^3\varphi}{15} \right) K_3 \end{array} \right]_{\varphi_0}^{\varphi_1}
\end{aligned}
\tag{2.18}
$$

式(2.17)和式(2.18)中的轴力和弯矩与混凝土强度及截面尺寸是相关的，要消除这种相关性，须将式(2.17)和式(2.18)分别除以 $\pi r^2 f_c$ 和 $\pi r^3 f_c$，这样便得到如式(2.19)和式(2.20)所示的无量纲轴力和弯矩，即

$$
n_{c1} = \frac{2}{\pi} \left[\left(\frac{\varphi}{2} - \frac{\sin 2\varphi}{4} \right) K_1 + \frac{\sin^3\varphi}{3} K_2 - \left(\frac{\sin\varphi \cos^3\varphi}{4} - \frac{\varphi}{8} + \frac{\sin 2\varphi}{16} \right) \right]_{\varphi_0}^{\varphi_1}
\tag{2.19}
$$

$$
m_{c1} = \frac{2}{\pi} \left[\begin{array}{l} \dfrac{\sin^3\varphi}{3} K_1 + \left(-\dfrac{\sin\varphi \cos^3\varphi}{4} + \dfrac{\varphi}{8} - \dfrac{\sin 2\varphi}{16} \right) K_2 \\ - \left(\dfrac{\sin\varphi \cos^4\varphi}{5} - \dfrac{\sin\varphi}{5} + \dfrac{\sin^3\varphi}{15} \right) K_3 \end{array} \right]_{\varphi_0}^{\varphi_1}
\tag{2.20}
$$

式(2.20)中的积分上限为圆顶处的圆心角，下限为对应中性轴高度处的圆心角，圆心角可由式(2.21)计算得到

$$\begin{cases}\varphi_i = \arccos(q) \\ q = \dfrac{r-h_i}{r}\end{cases} \tag{2.21}$$

计算时先算弦高，例如，图 2.12 中圆顶处的弦高为零，$q_0=1$，中性轴处弦高为 x，则

$$q_1 = \frac{r-x}{r}$$

2) 矩形＋抛物线（$\varepsilon_{c1} < -2‰$）

此阶段应力分布由两部分组成，计算矩形部分时，应力为常量，轴力和弯矩的计算实际上为面积和面积矩的计算；抛物线部分的内力计算与式(2.17)和式(2.18)相同，仅积分的上、下限须做相应调整(图 2.13)。

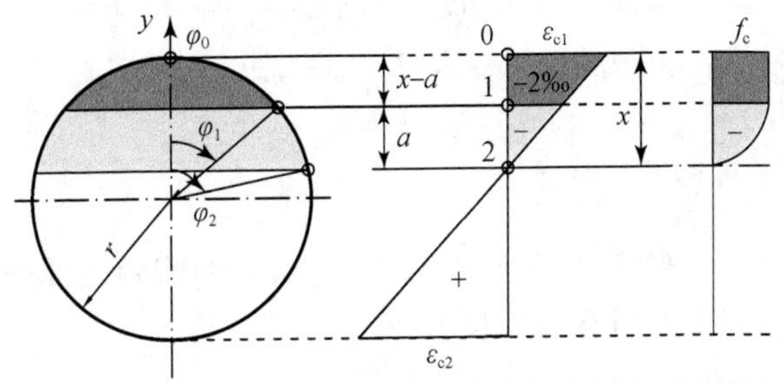

图 2.13　应变 $\varepsilon_{c1} < -2‰$时的应力分布（矩形＋抛物线）

由应力积分得

$$N_{c2} = \int_0^a -f_c b(\varphi)\,\mathrm{d}y + \int_a^x \sigma_{ci}(\varphi) b(\varphi)\,\mathrm{d}y$$

$$= -2f_c r^2\,[\varphi - 0.5\sin 2\varphi]_{\varphi_0}^{\varphi_1} + 2f_c r^2 \left[\begin{array}{l}\left(\dfrac{\varphi}{2} - \dfrac{\sin 2\varphi}{4}\right)K_1 + \dfrac{\sin^3\varphi}{3}K_2 \\ -\left(\dfrac{\sin\varphi\cos^3\varphi}{4} - \dfrac{\varphi}{8} + \dfrac{\sin 2\varphi}{16}\right)\end{array}\right]_{\varphi_1}^{\varphi_2} \tag{2.22}$$

$$M_{c2} = \int_0^a -f_c b(\varphi) r\cos\varphi\,\mathrm{d}y + \int_a^x \sigma_{ci}(\varphi) b(\varphi) r\cos\varphi\,\mathrm{d}y$$

$$= -\frac{2}{3}f_c r^3\,[\sin^3\varphi]_{\varphi_0}^{\varphi_1} + 2f_c r^3 \left[\begin{array}{l}\dfrac{\sin^3\varphi}{3}K_1 - \left(\dfrac{\sin\varphi\cos^3\varphi}{4} - \dfrac{\varphi}{8} + \dfrac{\sin 2\varphi}{16}\right)K_2 \\ -\left(\dfrac{\sin\varphi\cos^4\varphi}{5} - \dfrac{\sin\varphi}{5} + \dfrac{\sin^3\varphi}{15}\right)K_3\end{array}\right]_{\varphi_1}^{\varphi_2} \tag{2.23}$$

同理，为了消除混凝土强度和截面尺寸的影响，将式(2.22)和式(2.23)分别除

以 $\pi r^2 f_c$和 $\pi r^3 f_c$，可以得到无量纲轴力和弯矩：

$$n_{c2}=-\frac{2}{\pi}\left[\varphi-\frac{\sin2\varphi}{2}\right]_{\varphi_0}^{\varphi_1}+\frac{2}{\pi}\left[\begin{array}{l}\left(\frac{\varphi}{2}-\frac{\sin2\varphi}{4}\right)K_1+\frac{\sin^3\varphi}{3}K_2\\-\left(\frac{\sin\varphi\cos^3\varphi}{4}-\frac{\varphi}{8}+\frac{\sin2\varphi}{16}\right)\end{array}\right]_{\varphi_1}^{\varphi_2} \tag{2.24}$$

$$m_{c2}=-\frac{2}{\pi}\left[\frac{\sin^3\varphi}{3}\right]_{\varphi_0}^{\varphi_1}+\frac{2}{\pi}\left[\begin{array}{l}\frac{\sin^3\varphi}{3}K_1-\left(\frac{\sin\varphi\cos^3\varphi}{4}-\frac{\varphi}{8}+\frac{\sin2\varphi}{16}\right)K_2\\+\left(-\frac{\sin\varphi\cos^4\varphi}{5}+\frac{\sin\varphi}{5}-\frac{\sin^3\varphi}{15}\right)K_3\end{array}\right]_{\varphi_1}^{\varphi_2} \tag{2.25}$$

在确定上面公式中积分上、下限的角度时，先计算三个边界点的弦高，分别为：0，$x-a$ 和 x（图 2.13），相应的 q 值为 1，$\frac{r-(x-a)}{r}$ 和 $\frac{r-x}{r}$。

3. 钢筋环的应力和内力计算

钢筋是离散均匀分布的，为了便于解析计算，将钢筋做连续分布处理，即将钢筋总面积(A_s)分摊在钢筋所在的周长上，有

$$\bar{a}_s=\frac{A_s}{2\pi r_s} \tag{2.26}$$

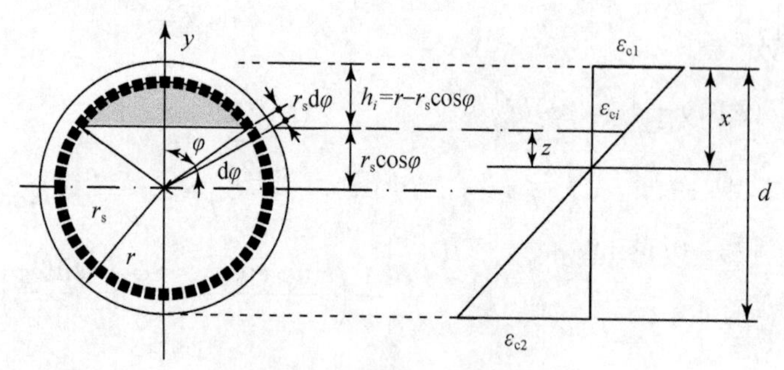

图 2.14　截面参数及应变

钢筋环任意纤维处的应变计算与混凝土任意纤维的计算相似(图 2.14)，即可由式(2.27)得到

$$\varepsilon_{si}=\frac{x-(r-r_s\cos\varphi)}{x}\varepsilon_{c1} \tag{2.27}$$

将式(2.27)代入式(2.1)可得到任意纤维处的应力为

$$\sigma_{si}=E_s\varepsilon_{si}=E_s\frac{x-(r-r_s\cos\varphi)}{x}\varepsilon_{c1} \tag{2.28}$$

钢筋环内的应变也是随截面上边缘应变和钢筋环下边缘的应变而变化的，根据钢筋环内的应变大小，可分为弹性区和塑性区，即当 $\varepsilon_y > \varepsilon_s > -\varepsilon_y$ 时，为弹性区，应力分布为三角形；当 $\varepsilon_s < -\varepsilon_y$ 或 $\varepsilon_s > \varepsilon_y$ 时，为塑性区，应力分布为矩形。由图 2.10 混凝土和钢筋的应变变化区域可知：区域①截面上边缘的应变是由零开始增加的，而区域②钢筋环下边缘应变是由钢筋极限应变开始减小的，其间钢筋环的应力分布可经历图 2.15 和图 2.16 所示的两种形式，由上至下为：弹性区＋塑性区，塑性区＋弹性区＋塑性区，下面分别计算这两种类型的内力。

1）弹性区＋塑性区

此种应力分布出现在应变区域①内，应力分布分为两段，上部为弹性区，下部为塑性区。

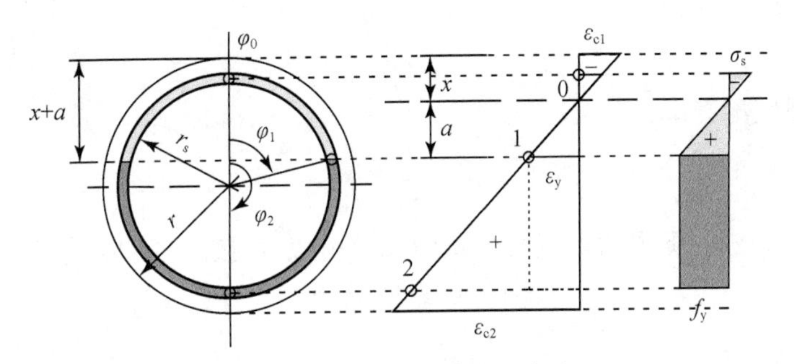

图 2.15　钢筋环的应变和应力

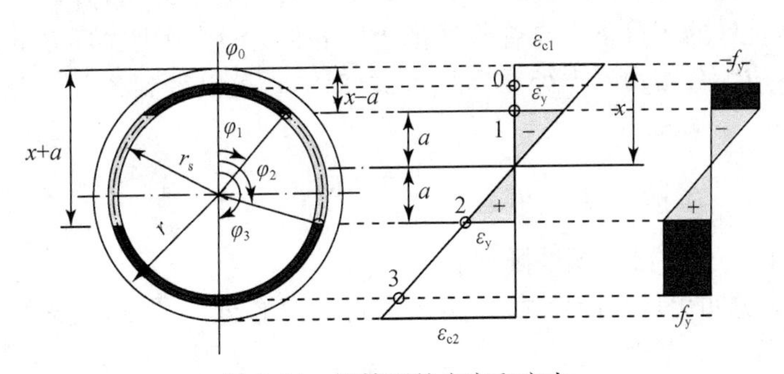

图 2.16　钢筋环的应变和应力

对钢筋环的应力积分可得到钢筋环的轴力和弯矩，积分时同样分段进行，弯矩的取矩点仍为过圆心的水平轴。

$$N_{s1} = 2\int_{\varphi_0}^{\varphi_1} \sigma_{si}\bar{a}_s r_s \mathrm{d}\varphi + 2\int_{\varphi_1}^{\varphi_2} f_y \bar{a}_s r_s \mathrm{d}\varphi$$

$$= 2E_s\bar{a}_s \frac{r_s}{x}\varepsilon_{c1}\left[(x-r)\varphi + r_s\sin\varphi\right]_{\varphi_0}^{\varphi_1} + 2f_y\bar{a}_s r_{sc}\left[\varphi\right]_{\varphi_1}^{\varphi_2} \tag{2.29}$$

$$M_{s1}=2\int_{\varphi_0}^{\varphi_1}\sigma_{si}\bar{a}_s r_s^2\cos\varphi \mathrm{d}\varphi+2\int_{\varphi_1}^{\varphi_2}f_y\bar{a}_s r_s\cos\varphi r_s \mathrm{d}\varphi$$
$$=2E_s\bar{a}_s\frac{r_s^2}{x}\varepsilon_{c1}\left[(x-r)\sin\varphi+r_s\left(\frac{\varphi}{2}+\frac{\sin 2\varphi}{4}\right)\right]_{\varphi_0}^{\varphi_1}+2f_y\bar{a}_s r_s^2\left[\sin\varphi\right]_{\varphi_1}^{\varphi_2} \tag{2.30}$$

分别将式(2.29)和式(2.30)除以 $\pi r^2 f_c$ 和 $\pi r^3 f_c$，得到钢筋环的无量纲轴力和弯矩，即

$$n_{s1}=\frac{\omega_s E_s\varepsilon_{c1}}{\pi f_y x}\left[(x-r)\varphi+r_s\sin\varphi\right]_{\varphi_1}^{\varphi_2}+\frac{\omega_s}{\pi}\left[\varphi\right]_{\varphi_1}^{\varphi_2} \tag{2.31}$$

$$m_{s1}=\frac{\omega_s}{\pi}\frac{E_s}{f_y}\frac{\varepsilon_{c1}}{x}\frac{r_s}{r}\left[(x-r)\sin\varphi+r_s\left(\frac{\varphi}{2}+\frac{\sin 2\varphi}{4}\right)\right]_{\varphi_0}^{\varphi_1}+\frac{\omega_s}{\pi}\frac{r_s}{r}\left[\sin\varphi\right]_{\varphi_1}^{\varphi_2} \tag{2.32}$$

式中，ω_s 为强度配筋率：

$$\omega_s=\frac{A_s}{\pi r^2}\frac{f_y}{f_c} \tag{2.33}$$

在确定积分上、下限的角度时与式(2.21)类似，可按式(2.34)计算：

$$\begin{cases}\varphi_i=\arccos(q)\\ q=\dfrac{r-h_i}{r_s}\end{cases} \tag{2.34}$$

弹性区的积分下限为圆顶处的圆心角，上限为对应于弹塑性区分界点高度处的圆心角，塑性区的积分下限与弹性区的上限相同，上限为钢筋环底的圆心角，将图 2.15 中各应力分布边界点处弦高代入式(2.34)，可以得到各段积分上、下限角度的余弦值：

$$q_0=1,\quad q_1=\frac{r-(x+a)}{r_s},\quad q_2=-1$$

2) 塑性区＋弹性区＋塑性区

此种应力分布出现在应变区域①和②，应力分布分为三段，上部为塑性区，中部为弹性区，下部为塑性区。

按三段应力分布积分后可得到轴力和弯矩，即

$$N_{s2}=2\int_{\varphi_0}^{\varphi_1}f_y\bar{a}_s r_s \mathrm{d}\varphi+2\int_{\varphi_1}^{\varphi_2}\sigma_{si}\bar{a}_s r_s \mathrm{d}\varphi+2\int_{\varphi_2}^{\varphi_3}f_y\bar{a}_s r_s \mathrm{d}\varphi$$
$$=2\bar{a}_s r_s\left\{-f_y\left[\varphi\right]_{\varphi_0}^{\varphi_1}+f_y\left[\varphi\right]_{\varphi_2}^{\varphi_3}+\frac{E_s\varepsilon_{c1}}{x}\left[(x-r)\varphi+r_s\sin\varphi\right]_{\varphi_1}^{\varphi_2}\right\} \tag{2.35}$$

$$
\begin{aligned}
M_{s2} &= 2\bar{a}_s r_s \int_{\varphi_0}^{\varphi_1} - f_y \cos\varphi r_s \mathrm{d}\varphi + 2\bar{a}_s r_s^2 \int_{\varphi_1}^{\varphi_2} \sigma_{si} \cos\varphi \mathrm{d}\varphi + 2\bar{a}_s r_s \int_{\varphi_2}^{\varphi_3} f_y \cos\varphi r_s \mathrm{d}\varphi \\
&= 2 f_y \bar{a}_s r_s^2 \left[\sin\varphi\right]_{\varphi_0}^{\varphi_1} + 2 f_y \bar{a}_s r_s^2 \left[\sin\varphi\right]_{\varphi_2}^{\varphi_3} + 2E_s \bar{a}_s \frac{r_s^2}{x} \varepsilon_{c1} \left[(x-r)\sin\varphi + r_s\left(\frac{\varphi}{2} + \frac{\sin 2\varphi}{4}\right)\right]_{\varphi_1}^{\varphi_2}
\end{aligned}
\tag{2.36}
$$

同样无量纲后的轴力和弯矩为

$$
n_{s2} = \frac{\omega_s}{\pi}\left\{\left[\varphi\right]_{\varphi_0}^{\varphi_1} + \frac{E_s}{f_y}\frac{\varepsilon_{c1}}{x}\left[(x-r)\varphi + r_s \sin\varphi\right]_{\varphi_1}^{\varphi_2} + \left[\varphi\right]_{\varphi_2}^{\varphi_3}\right\} \tag{2.37}
$$

$$
m_{s2} = \frac{\omega_s}{\pi}\frac{r_s}{r}\left[\sin\varphi\right]_{\varphi_0}^{\varphi_1} + \frac{\omega_s}{\pi}\frac{r_s}{r}\left[\sin\varphi\right]_{\varphi_2}^{\varphi_3} + \frac{\omega_s}{\pi}\frac{E_s}{f_y}\frac{\varepsilon_{c1}}{x}\frac{r_s}{r}\left[(x-r)\sin\varphi + r_s\left(\frac{\varphi}{2} + \frac{\sin 2\varphi}{4}\right)\right]_{\varphi_1}^{\varphi_2} \tag{2.38}
$$

类似地，将图 2.16 中各应力分布边界点处弦高代入式(2.34)，可得到各段积分上下限角度的余弦值：

$$
q_0 = 1, \quad q_1 = \frac{r-(x-a)}{r_s}, \quad q_2 = \frac{r-(x+a)}{r_s}, \quad q_3 = -1
$$

至此，混凝土和钢筋环的无量纲轴力和弯矩计算公式已推导完毕，下一步仅需分别对图 2.10 中两个应变区域的应变进行变化，便可计算截面上的总内力(总轴力和总弯矩)，即当满足 $\varepsilon_{c1} \geqslant -2‰$ 和 $\varepsilon_s \geqslant -\varepsilon_y$ 时，按式(2.39)叠加混凝土和钢筋环的轴力和弯矩：

$$
\begin{cases} n = n_{c1} + n_{s1} \\ m = m_{c1} + m_{s1} \end{cases} \tag{2.39}
$$

当满足 $\varepsilon_{c1} < -2‰$ 和 $\varepsilon_s < -\varepsilon_y$ 时，按式(2.40)计算混凝土和钢筋环的轴力及弯矩之和：

$$
\begin{cases} n = n_{c2} + n_{s2} \\ m = m_{c2} + m_{s2} \end{cases} \tag{2.40}
$$

式(2.39)和式(2.40)中的 n 和 m 分别是 ω_s 和 ε_s(ε_{c1})的函数，两个方程组中各有三个未知量，但在应变区域①，ε_s 为已知，$\varepsilon_s = 10‰$，在应变区域②，ε_{c1} 为已知，$\varepsilon_{c1} = -3.3‰$，这样两个方程组各仅含有两个未知量，由条件 $n=0$，赋给 m 一系列的值，便可解得相应的强度配筋率 ω_s 和 ε_s 或 ε_{c1}。作者将计算结果汇总于表 2.1 中以方便查用[11]。

由表 2.1 可以看出，由 m 可查到 ω_s，进而可计算钢筋环的总面积 A_s，除此之外，还可得到与之对应的混凝土最大压应变和钢筋最大拉应变，即可知曲率的大小。

表 2.1　圆形截面配筋计算表

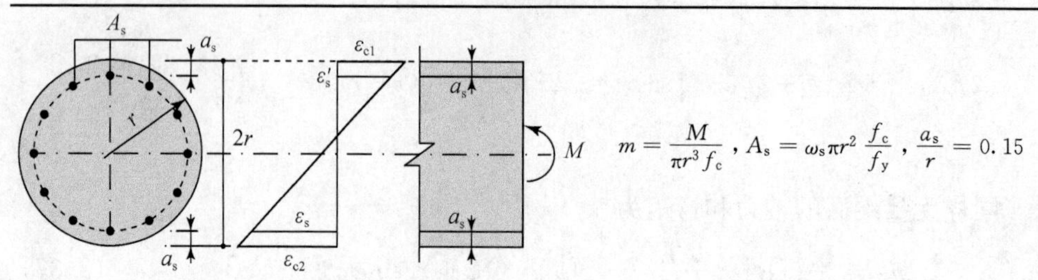

HRB360(Ⅱ级钢)				HRB400(Ⅲ级钢)			
m	ω_s	ε_{c1}/‰	ε_s/‰	m	ω_s	ε_{c1}/‰	ε_s/‰
0.10	0.128	−2.50	10.00	0.10	0.129	−2.57	10.00
0.15	0.193	−2.79	10.00	0.15	0.211	−2.98	10.00
0.20	0.264	−3.21	10.00	0.20	0.266	−3.23	10.00
0.25	0.340	−3.30	9.04	0.25	0.342	−3.30	8.96
0.30	0.418	−3.30	8.11	0.30	0.421	−3.30	8.03
0.35	0.499	−3.30	7.41	0.35	0.502	−3.30	7.33
0.40	0.581	−3.30	6.87	0.40	0.586	−3.30	6.79
0.45	0.665	−3.30	6.43	0.45	0.671	−3.30	6.36
0.50	0.750	−3.30	6.08	0.50	0.757	−3.30	6.01
0.55	0.836	−3.30	5.79	0.55	0.845	−3.30	5.72
0.60	0.923	−3.30	5.54	0.60	0.934	−3.30	5.48
0.65	1.011	−3.30	5.33	0.65	1.024	−3.30	5.27
0.70	1.100	−3.30	5.15	0.70	1.114	−3.30	5.09
0.75	1.190	−3.30	4.99	0.75	1.206	−3.30	4.93
0.80	1.280	−3.30	4.85	0.80	1.298	−3.30	4.80
0.85	1.371	−3.30	4.73	0.85	1.390	−3.30	4.68
0.90	1.463	−3.30	4.62	0.90	1.484	−3.30	4.57
0.95	1.554	−3.30	4.52	0.95	1.577	−3.30	4.47
1.00	1.646	−3.30	4.43	1.00	1.672	−3.30	4.38
1.05	1.739	−3.30	4.35	1.05	1.766	−3.30	4.30
1.10	1.832	−3.30	4.28	1.10	1.861	−3.30	4.23
1.15	1.925	−3.30	4.21	1.15	1.956	−3.30	4.17
1.20	2.018	−3.30	4.15	1.20	2.052	−3.30	4.11
1.25	2.112	−3.30	4.10	1.25	2.147	−3.30	4.05
1.30	2.206	−3.30	4.04	1.30	2.243	−3.30	4.00

续表

HRB360(Ⅱ级钢)				HRB400(Ⅲ级钢)			
m	ω_s	ε_{c1}/‰	ε_s/‰	m	ω_s	ε_{c1}/‰	ε_s/‰
1.35	2.300	−3.30	4.00	1.35	2.340	−3.30	3.96
1.40	2.394	−3.30	3.95	1.40	2.436	−3.30	3.91
1.45	2.488	−3.30	3.91	1.45	2.533	−3.30	3.87
1.50	2.583	−3.30	3.87	1.50	2.629	−3.30	3.83
1.55	2.678	−3.30	3.84	1.55	2.726	−3.30	3.80
1.60	2.773	−3.30	3.80	1.60	2.824	−3.30	3.77
1.65	2.867	−3.30	3.77	1.65	2.921	−3.30	3.74
1.70	2.963	−3.30	3.74	1.70	3.018	−3.30	3.71
1.75	3.058	−3.30	3.71	1.75	3.116	−3.30	3.68
1.80	3.153	−3.30	3.69	1.80	3.213	−3.30	3.65
1.85	3.248	−3.30	3.66	1.85	3.311	−3.30	3.63
1.90	3.344	−3.30	3.64	1.90	3.409	−3.30	3.61
1.95	3.439	−3.30	3.62	1.95	3.506	−3.30	3.59
2.00	3.535	−3.30	3.60	2.00	3.604	−3.30	3.56

4. 环形截面的配筋计算

环形截面的计算与圆形截面相同，不同之处仅在于计算混凝土内力时，须从大圆(外圆)受压面积中减去小圆(内圆)受压面积(图2.17)，钢筋环的计算部分则不变。

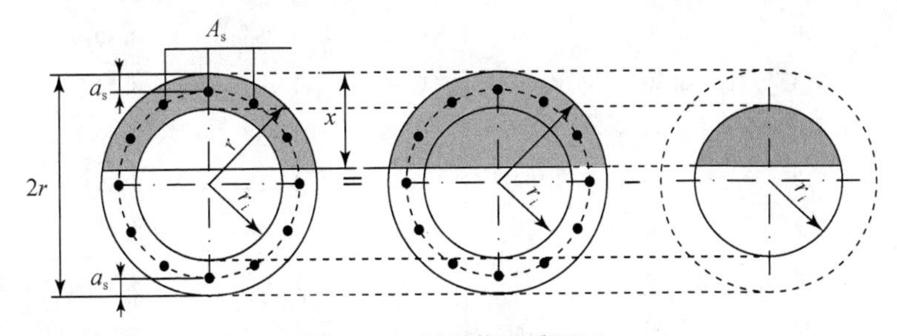

图2.17 环形截面受压区

类似圆形截面，作者也将环形截面的计算结果汇总于表2.2中以方便查用。

显而易见，整个公式的推导没有采用等效矩形应力图换算，其推导过程虽然复杂，但得到的结果是精确的，且使用十分方便，下面就通过具体算例来运用计算表格(表2.1和表2.2)，为了对比《混凝土规范》和本书算法，算例中分别按两种方法进行计算。

表 2.2 环形截面配筋计算表

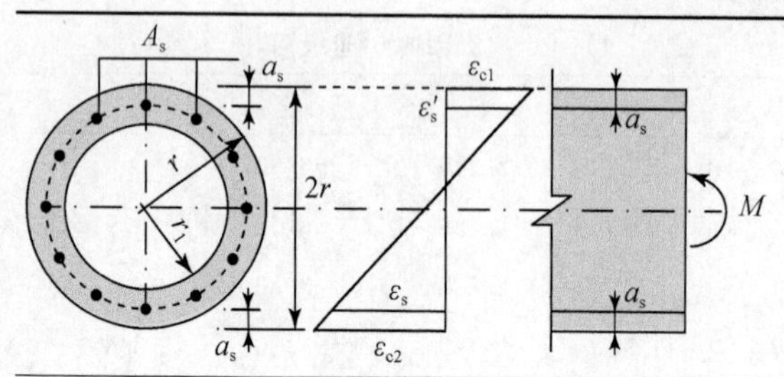

$$m=\frac{M}{\pi r^3 f_c},\ A_s=\omega_s \pi r^2 \frac{f_c}{f_y}$$

$$\frac{r_1}{r}=0.7,\ \frac{a_s}{r}=0.15$$

HRB360(Ⅱ级钢)				HRB400(Ⅲ级钢)			
m	ω_s	ε_{c1}/‰	ε_s/‰	m	ω_s	ε_{c1}/‰	ε_s/‰
0.10	0.124	−2.33	10.00	0.10	0.125	−2.35	10.00
0.15	0.193	−2.85	10.00	0.15	0.194	−2.88	10.00
0.20	0.265	−3.30	9.77	0.20	0.266	−3.30	9.65
0.25	0.342	−3.30	8.24	0.25	0.345	−3.30	8.14
0.30	0.423	−3.30	7.19	0.30	0.427	−3.30	7.10
0.35	0.507	−3.30	6.45	0.35	0.512	−3.30	6.36
0.40	0.593	−3.30	5.90	0.40	0.599	−3.30	5.82
0.45	0.681	−3.30	5.49	0.45	0.689	−3.30	5.41
0.50	0.770	−3.30	5.16	0.50	0.780	−3.30	5.09
0.55	0.860	−3.30	4.90	0.55	0.872	−3.30	4.84
0.60	0.952	−3.30	4.69	0.60	0.965	−3.30	4.63
0.65	1.044	−3.30	4.52	0.65	1.059	−3.30	4.46
0.70	1.136	−3.30	4.37	0.70	1.154	−3.30	4.32
0.75	1.230	−3.30	4.25	0.75	1.250	−3.30	4.19
0.80	1.323	−3.30	4.14	0.80	1.346	−3.30	4.09
0.85	1.418	−3.30	4.05	0.85	1.442	−3.30	4.00
0.90	1.512	−3.30	3.97	0.90	1.539	−3.30	3.92
0.95	1.607	−3.30	3.90	0.95	1.636	−3.30	3.85
1.00	1.702	−3.30	3.83	1.00	1.733	−3.30	3.79
1.05	1.797	−3.30	3.78	1.05	1.830	−3.30	3.74
1.10	1.892	−3.30	3.72	1.10	1.928	−3.30	3.69
1.15	1.988	−3.30	3.68	1.15	2.026	−3.30	3.64
1.20	2.083	−3.30	3.64	1.20	2.124	−3.30	3.60
1.25	2.179	−3.30	3.60	1.25	2.222	−3.30	3.57
1.30	2.275	−3.30	3.57	1.30	2.320	−3.30	3.53

续表

HRB360(Ⅱ级钢)				HRB400(Ⅲ级钢)			
m	ω_s	ε_{c1}/‰	ε_s/‰	m	ω_s	ε_{c1}/‰	ε_s/‰
1.35	2.371	−3.30	3.53	1.35	2.419	−3.30	3.50
1.40	2.467	−3.30	3.50	1.40	2.517	−3.30	3.47
1.45	2.563	−3.30	3.48	1.45	2.616	−3.30	3.45
1.50	2.659	−3.30	3.45	1.50	2.714	−3.30	3.42
1.55	2.755	−3.30	3.43	1.55	2.813	−3.30	3.40
1.60	2.852	−3.30	3.41	1.60	2.912	−3.30	3.38
1.65	2.948	−3.30	3.39	1.65	3.010	−3.30	3.36
1.70	3.045	−3.30	3.37	1.70	3.109	−3.30	3.34
1.75	3.141	−3.30	3.35	1.75	3.208	−3.30	3.33
1.80	3.238	−3.30	3.33	1.80	3.307	−3.30	3.31
1.85	3.334	−3.30	3.32	1.85	3.406	−3.30	3.29
1.90	3.431	−3.30	3.30	1.90	3.505	−3.30	3.28
1.95	3.527	−3.30	3.29	1.95	3.604	−3.30	3.27
2.00	3.624	−3.30	3.28	2.00	3.703	−3.30	3.25

2.5.2　算例

例题 2.1　纯弯圆形截面配筋计算，已知 $r=300\text{mm}$，$a_s=45\text{mm}$，C40，HRB400，弯矩 M=177kN。

(1)按照表 2.1 计算。

$$m=\frac{M}{\pi r^3 f_c}=\frac{1377\times 10^6}{\pi\times 300^3\times 19.1}=0.85$$

查表 2.1 得

$$\omega_s=1.39$$

$$A_s=1.39\times\pi\times 300^2\times\frac{19.1}{360}=20841\ \text{mm}^2$$

混凝土最大压应变和钢筋最大拉应变分别为

$$\frac{\varepsilon_{c1}}{\varepsilon_s}=\frac{-3.3‰}{4.68‰}$$

(2)按照《混凝土规范》计算。

将已知条件代入《混凝土规范》中公式(E.0.4)，有

$$\begin{cases}19.1\alpha\times300^2\pi(1-\dfrac{\sin2\pi\alpha}{2\pi\alpha})+(\alpha-\alpha_t)\times360A_s\geqslant0\\ \dfrac{2}{3}\times19.1\times300^3\pi\times\dfrac{\sin^3\pi\alpha}{\pi}+360\times A_s\times255\times\dfrac{\sin\pi\alpha+\sin\pi\alpha_t}{\pi}\geqslant1377\times10^6\\ \alpha_t=1.25-2\alpha\end{cases}$$

上式中有 3 个未知量 α_t、α 和 A_s，是超越方程，需编程迭代求解，无法手算，利用计算机编程迭代后求得 $\alpha=0.35865<0.625$，则

$$\alpha_t=1.25-2\times0.35865=0.5327$$

再代入《混凝土规范》中公式(E.0.4)的第一式有

$$A_s=\frac{0.35865\times19.1\times300^2\pi\left[1-\dfrac{\sin(2\pi\times0.35865)}{2\pi\times0.35865}\right]}{(0.5327-0.35865)\times360}=20267\text{mm}^2$$

两方法计算结果之比为 1.028，《混凝土规范》公式的结果比本书的小，原因在于《混凝土规范》公式的两次近似简化。

例题 2.2　纯弯环形截面配筋计算，已知 $r=300\text{mm}$，$r_1=210\text{mm}$，$a_s=45\text{mm}$，C40，HRB400，弯矩 $M=1620\text{kN}$。

(1)按照表 2.2 计算。

$$m=\frac{M}{\pi r^3f_c}=\frac{1620\times10^6}{\pi\times300^3\times19.1}=1$$

查表 2.2 得

$$\omega_s=1.733$$

$$A_s=1.733\times\pi\times300^2\times\frac{19.1}{360}=25984\ \text{mm}^2$$

混凝土最大压应变和钢筋最大拉应变分别为

$$\frac{\varepsilon_{c1}}{\varepsilon_s}=\frac{-3.3‰}{3.79‰}$$

(2)按照《混凝土规范》计算。

将已知条件代入《混凝土规范》中公式(E.0.3)，有

$$\begin{cases}19.1\alpha\times(300^2-210^2)\pi+(\alpha-\alpha_t)\times360A_s\geqslant0\\ 19.1\times(300^2-210^2)\pi\times(300+210)\times\dfrac{\sin\pi\alpha}{2\pi}+360\times A_s\times255\\ \times\dfrac{\sin\pi\alpha+\sin\pi\alpha_t}{\pi}\geqslant1620\times10^6\\ \alpha_t=1-1.5\alpha\end{cases}$$

上式中同样有 3 个未知量 α_t、α 和 A_s，编程迭代求解后得 $\alpha=0.35732<0.667$，则

$$\alpha_t=1-1.5\times0.35732=0.46402$$

代入《混凝土规范》中公式(E.0.3)的第一式，有

$$A_s = \frac{0.35732 \times 19.1 \times (300^2 - 210^2)\pi}{(0.46402 - 0.35732) \times 360} = 25620\text{mm}^2$$

两方法计算结果之比为 1.014，《混凝土规范》公式的结果比本书的小，原因同例题 2.1。

由上面的算例可以看出，《混凝土规范》公式的结果均比本书精确算法的小，但相差不大，在 3%以内，略偏于不安全。本书方法在计算圆形和环形截面时的计算形式统一，计算简单快速，还可以分别得到相应的混凝土和钢筋的最大受压和受拉应变大小。

2.5.3　小结

虽然圆形和环形截面存在双重非线性(截面宽度变化的非线性和混凝土及钢筋本构的非线性)，若严格按混凝土和钢筋的本构关系曲线，放弃等效矩形应力的近似换算进行公式的解析推导是可行的，推导过程虽然复杂，但推导计算后得到的最终成果(表 2.1 和表 2.2)却非常实用，运用也非常简单和方便。相对于其他方法，主要创新有以下两点：

(1)理论上，完成了圆形和环形截面配筋精确计算的理论推导，该方法的计算结果与《混凝土规范》简化公式的计算结果进行比较和检验，得到了近似解与精确解的偏离程度，除了本章中的两个算例的对比外，作者还做了其他很多计算的比较，《混凝土规范》的结果均偏小，但误差都在 3%以内，对于工程设计而言还是可以接受的。

(2)实用上，本章提供了无量纲的计算表格，解决了此类计算要迭代求解超越方程的不实用性，如《混凝土规范》公式的超越方程。同时弥补了其他常见计算图表与混凝土强度和截面尺寸相关而需要较多图表的不足，现在仅需一张表格就能解决不同截面尺寸大小和 C50 以下任意混凝土强度等级情况下的计算问题，此外，从表格中还能得到混凝土和钢筋最大应变等信息。

2.6　圆形压弯截面的数值计算

圆形构件具有施工简单、外形美观、节约材料，以及在地震作用或风荷载作用下任意方向的力学性能相同等特点，广泛应用于桥梁墩柱、桩基、电杆和支护桩等构件，是仅次于矩形截面的使用较多的钢筋混凝土截面类型。

截面宽度变化和本构关系的双重非线性，使得圆形或环形截面强度计算常常采用简化方法[12]。《混凝土规范》中的混凝土应力和钢筋应力均采用了等效矩形的简化假设[13,14]，计算精度有一定的偏差，而且给出的计算方法过程复杂且

不实用[15]，需要联立迭代求解超越方程。《公路混凝土规范》采用了类似的简化，并提供了圆形截面的计算系数表格以简化计算过程，但仍然需要迭代，使用不方便。

下面，同样采用逆算方法来计算钢筋混凝土圆形截面的承载力，计算过程无须迭代。

2.6.1 计算简图

按照 2.2.5 节的三种中性轴分布，钢筋和混凝土的应变和应力图也有三种类型，计算简图如图 2.18 所示。这三种分布涵盖了压弯截面的所有受力情况。横截面采用 OY 极坐标系，原点位于圆心，应力图和应变图采用直角坐标系。将纵向钢筋等效为钢筋环，钢筋环与截面近边缘距离为 a_s，截面半径为 r，钢筋环半径为 r_s。钢筋环的上、下边缘位置应变分别为 ε_{s1} 和 ε_s，截面的上、下边缘位置的应变分别为 ε_c 和 ε_{c1}。

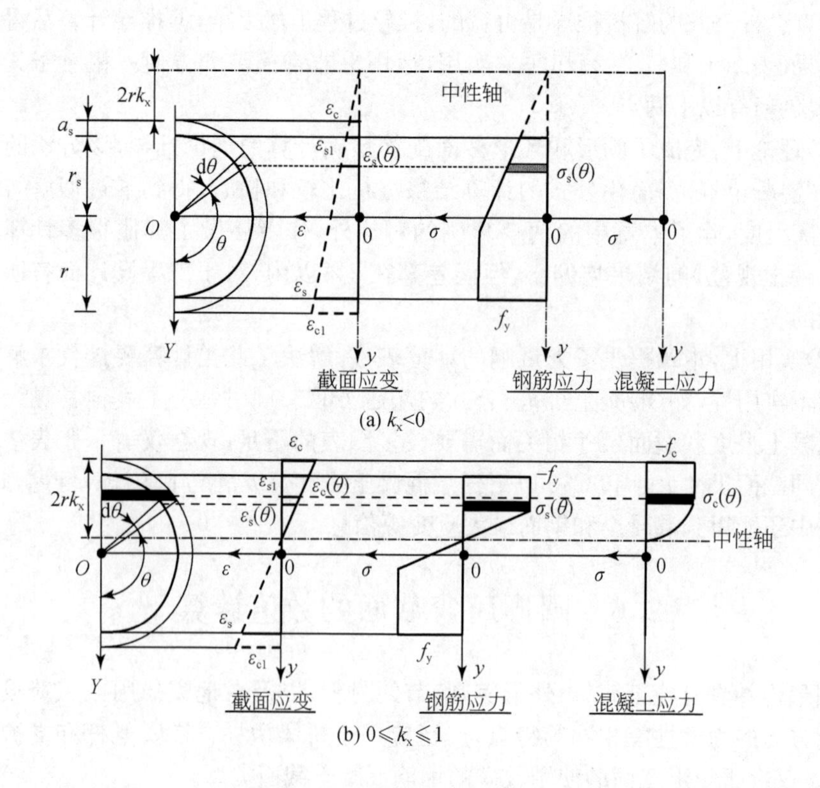

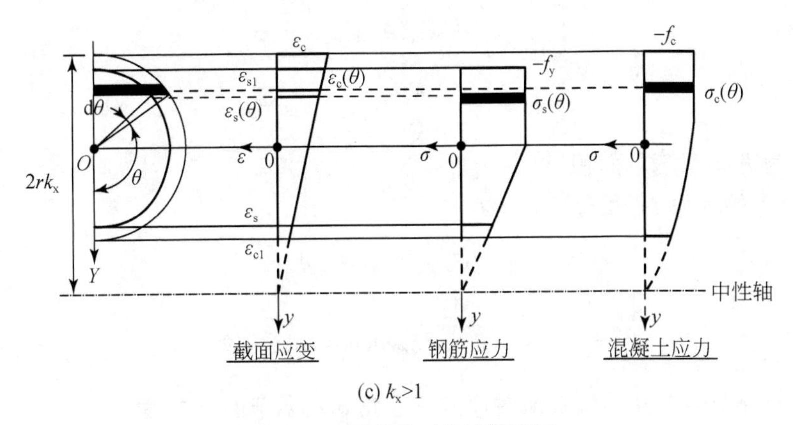

(c) $k_x>1$

图 2.18　圆形截面的计算简图

2.6.2　应变-应力的计算公式

同理，沿截面高度方向将截面分为若干个条带。根据图 2.18 中的几何关系，任一角度 θ 对应条带的钢筋应变 $\varepsilon_s(\theta)$ 为

$$\varepsilon_s(\theta)=\varepsilon_{c1}-0.5(\varepsilon_{c1}-\varepsilon_c)\left[1+\left(1-\frac{a_s}{r}\right)\cos\theta\right] \tag{2.41}$$

任一角度 θ 对应条带的混凝土应变 $\varepsilon_c(\theta)$ 为

$$\varepsilon_c(\theta)=\varepsilon_{c1}-0.5(\varepsilon_{c1}-\varepsilon_c)(1+\cos\theta) \tag{2.42}$$

将钢筋的本构关系式(2.1)和式(2.41)联立，可得到钢筋应力 $\sigma_s(\theta)$ 与 θ 的关系，其中，矩形部分应力为常量，弹性部分应力为

$$\sigma_s(\theta)=\frac{f_y}{\varepsilon_y}\left\{\varepsilon_{c1}+0.5(\varepsilon_c-\varepsilon_{c1})\left[1+(1-\frac{a_s}{r})\cos\theta\right]\right\} \tag{2.43}$$

将混凝土的本构关系式(2.2)和式(2.42)联立，可得到混凝土应力 $\sigma_c(\theta)$ 与 θ 的关系，其中，矩形部分应力为常量，抛物线部分应力为

$$\sigma_c(\theta)=f_c[\varepsilon_{c1}-0.5(\varepsilon_{c1}-\varepsilon_c)(1+\cos\theta)]+0.25f_c[\varepsilon_{c1}-0.5(\varepsilon_{c1}-\varepsilon_c)(1+\cos\theta)]^2 \tag{2.44}$$

2.6.3　轴力-弯矩的计算公式

如图 2.18 所示，角度微增量 $d\theta$ 所对应的混凝土边缘弧长是 $rd\theta$，钢环弧长是 $r_sd\theta$。当 $d\theta$ 划分足够小时，混凝土应力积分微面积为 $2r\sin\theta rd\theta\sin\theta$，力臂为 $-r\cos\theta$；钢筋应力积分微面积为 $\frac{2A_s}{2\pi}d\theta$，力臂为 $-r_s\cos\theta$。

由力的平衡关系，钢筋的轴力 N_s 和弯矩 M_s 为

$$\begin{cases} N_s = \int_0^{\pi} \frac{A_s}{\pi} \sigma_s(\theta) \mathrm{d}\theta \\ M_s = -\int_0^{\pi} \frac{A_s r_s}{\pi} \sigma_s(\theta) \cos\theta \mathrm{d}\theta \end{cases} \tag{2.45}$$

式中,A_s为纵向钢筋总面积。

混凝土的轴力 N_c和弯矩 M_c为

$$\begin{cases} N_c = \int_{\theta_1}^{\pi} 2r^2 \sigma_c(\theta) \sin^2\theta \mathrm{d}\theta \\ M_c = -\int_{\theta_1}^{\pi} 2r^3 \sigma_c(\theta) \cos\theta \sin^2\theta \mathrm{d}\theta \end{cases} \tag{2.46}$$

其中,三种分布的中性轴位置所对应的圆心角 θ_1的数学计算式为

$$\theta_1 = \begin{cases} \pi, & k_x \leqslant 0 \\ \arccos(2k_x - 1), & 0 < k_x < 1 \\ 0, & k_x \geqslant 1 \end{cases} \tag{2.47}$$

为了计算结果的一般性,采用无量纲形式的轴力 n、弯矩 m 和强度配筋率 ω,钢筋混凝土圆形截面的无量纲计算式为

$$\begin{cases} n = \frac{N}{\pi r^2 f_c} \\ m = \frac{M}{\pi r^3 f_c} \\ \omega = \frac{A_s f_y}{\pi r^2 f_c} \end{cases} \tag{2.48}$$

这样,圆形截面承载力轴力和弯矩的数学表达式为

$$\begin{cases} n = \frac{\omega}{\pi f_y} \int_0^{\pi} \sigma_s(\theta) \mathrm{d}\theta + \frac{2}{\pi f_c} \int_{\theta_1}^{\pi} \sigma_c(\theta) \sin^2\theta \mathrm{d}\theta \\ m = -\frac{\omega}{\pi f_y} \int_0^{\pi} (1 - \frac{a_s}{r}) \sigma_s(\theta) \cos\theta \mathrm{d}\theta - \frac{2}{\pi f_c} \int_{\theta_1}^{\pi} \sigma_c(\theta) \sin^2\theta \cos\theta \mathrm{d}\theta \end{cases} \tag{2.49}$$

2.6.4 算例

对于某钢筋混凝土圆形截面,纵筋 HRB400,查询《公路混凝土规范》,得到 $f_y = 330\mathrm{N/mm^2}$,$\varepsilon_y = 1.65‰$,$a_s = 0.2r$。选择强度配筋率的 5 个数值,$\omega = 0, 0.5, 1, 1.5, 2$,绘制出 5 条无量纲的轴力-弯矩相关曲线,如图 2.19 所示。

圆形截面的强度配筋率公式是将全部纵向钢筋无量纲化[式(2.48)],而矩形截面是将单侧纵向钢筋无量纲化[式(2.11)],因而本书矩形截面的 ω 相当于圆形截面 ω 的 2 倍。

圆形截面的曲线(图 2.19)表现出与矩形截面(图 2.9)大体相似的特性。两者的区别在于:钢筋环沿截面高度连续分布,钢筋是一个逐渐屈服的过程,圆形截面

的曲线更加光滑。

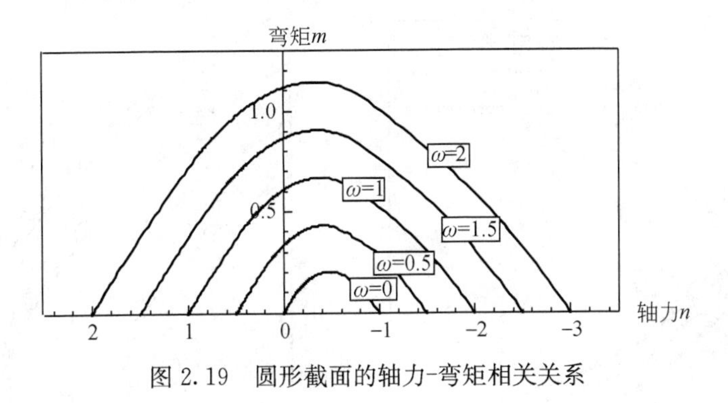

图 2.19　圆形截面的轴力-弯矩相关关系

2.6.5　与规范方法的对比

为验证本章方法的正确性和有效性，运用逆算方法、《混凝土规范》和《公路混凝土规范》三种方法进行比较分析，计算同一截面的截面承载力，并采用 n-$\frac{e_0}{r}$ 和 n-m 两套坐标来表示结果，其中，$\frac{e_0}{r}=-\frac{m}{n}$，$e_0$为轴力对截面形心轴的偏心距。

对于某钢筋混凝土圆形截面，$a_s=0.2r$，纵向钢筋 HRB400，$f_y=330\text{N/mm}^2$，C30 混凝土，$f_c=13.8\text{N/mm}^2$。考虑 4 种配筋率，$\rho=1\%,2\%,3\%,4\%$，由式(2.48)得到相应的强度配筋率为 $\omega=0.24,0.48,0.72,0.96$。这样可以得到 24 条曲线，计算结果如图 2.20 所示。

图 2.20 中，三种方法的曲线几乎重叠在一起，偏差不大，而采用图 2.20(b)的 n-m 坐标系更能凸显三种方法的偏差情况。两种规范的曲线均超过了本书的曲线，略偏于不安全，过大的估计了截面承载能力。《混凝土规范》的方法偏差最大，原因在于进行了两次简化，即混凝土应力等效矩形简化和钢筋应力等效矩形偏差(《混凝土规范》中第 E.0.4 条)。《公路混凝土规范》的曲线位于中间，因其仅采用了一次简化，即混凝土应力等效矩形简化。

《公路混凝土规范》的计算曲线与本书的间隔较小，与《混凝土规范》的计算曲线间隔相对较大，说明混凝土应力简化产生的偏差小于钢筋应力简化产生的偏差。此外，在轴力可能的范围内，三种曲线之间的偏差随着配筋率增大而增大，随着轴力减小而减小。

2.6.6　与试验结果的对比

为验证本章方法的正确性和有效性，将逆算方法与文献[16]中的 49 组试验结果进行比较，见表 2.3。

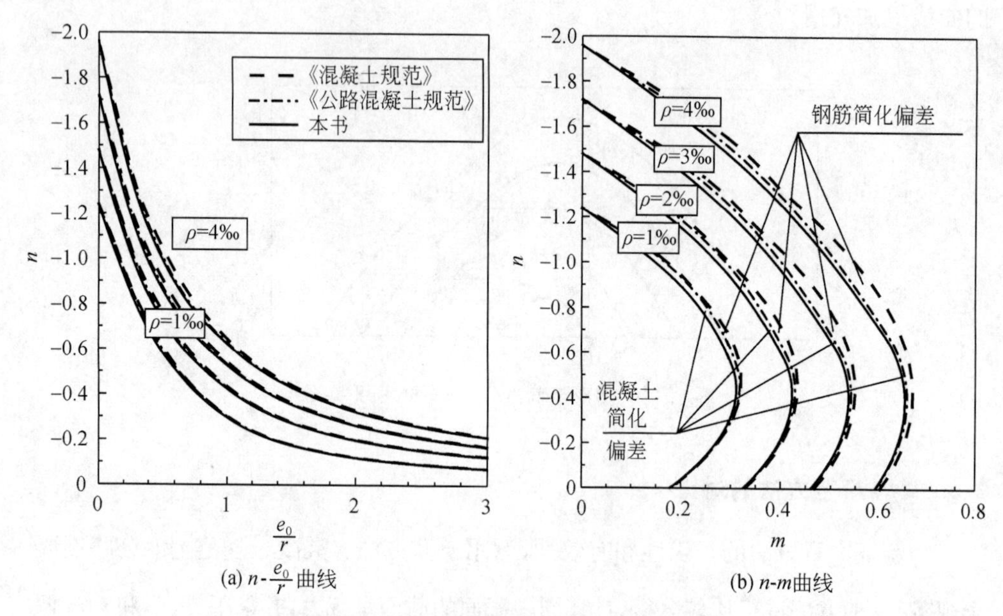

图 2.20　与规范结果对比的圆形截面承载力

以 6-4 试件为例来说明计算过程。

(1)试件直径 D 为 17.64cm,等效钢环直径 13.34cm,则

$$a_{\mathrm{s}}=\frac{17.64-13.34}{17.64}=0.244$$

试件 $f_{\mathrm{y}}=241.3\mathrm{MPa}$,$f_{\mathrm{c}}=37.57\mathrm{MPa}$,配筋率 $\rho=0.01136$,由式(2.48)计算强度配筋率为

$$\omega=\frac{\rho f_{\mathrm{y}}}{f_{\mathrm{c}}}=\frac{0.01136\times241.3}{37.57}=0.073$$

偏心率为

$$\frac{e_0}{r}=0.2054$$

(2)如图 2.20(a)中的曲线,由试件截面参数 a_{s}、f_{y}、ω 计算极限值 n 和 e_0/r 的相关关系,求解 $\frac{e_0}{r}=0.2054$ 对应的 n 值,得到 $n=-0.7899$。

(3)取试验进行时相同的系数:工作条件系数 $\gamma_{\mathrm{b}}=0.95$,混凝土安全系数 $\gamma_0=1.25$,钢筋安全系数 $\gamma_{\mathrm{s}}=1.25$。根据式(2.48),轴力为

$$N_{\mathrm{p}}=\frac{0.95}{1.25}\times0.7899\times\frac{\pi\times176.4^2}{4}\times37.57\times10^{-3}=551.21\mathrm{kN}$$

表 2.3　与试验结果比较的截面承载力

序号	试件编号	极限荷载 N_p/kN			序号	试件编号	极限荷载 N_p/kN		
		试验	本书	比值			试验	本书	比值
1	6-4	516.3	551.21	1.068	26	10-2	545.2	514.56	0.944
2	8-3	550	547.51	0.995	27	10-19	470.2	421.09	0.896
3	6-1	390	408.66	1.048	28	10-21	510	533.64	1.046
4	6-12	400	387.07	0.968	29	12-5	600	351.99	0.587
5	6-13	386.76	402.95	1.042	30	12-6	625	705.40	1.129
6	6-14	310	319.12	1.029	31	12-11	620	614.50	0.991
7	8-7	310	362.28	1.169	32	10-20	470	388.22	0.826
8	6-3	280	285.04	1.018	33	12-9	430	400.98	0.933
9	6-7	240	224.96	0.937	34	12-12	465	404.22	0.869
10	6-10	315	300.55	0.954	35	10-13	360	291.39	0.809
11	8-9	310	286.06	0.923	36	10-15	335.2	287.43	0.857
12	8-10	315	329.62	1.046	37	12-4	370	324.47	0.877
13	8-15	360	301.02	0.836	38	12-1	388	333.02	0.858
14	6-9	220	189.42	0.861	39	10-17	325	271.63	0.836
15	6-15	172	161.36	0.938	40	12-3	315	273.83	0.869
16	8-1	210	210.60	1.003	41	12-7	285	270.60	0.949
17	8-8	220	217.13	0.987	42	12-15	295	254.98	0.864
18	6-2	148	144.74	0.978	43	10-14	195	180.64	0.926
19	6-6	170	154.36	0.908	44	10-7	232.7	183.59	0.789
20	8-2	170	148.63	0.874	45	10-6	230.2	183.08	0.795
21	8-13	210	174.17	0.829	46	10-16	245.2	195.35	0.797
22	8-12	200	164.19	0.821	47	10-9	135.2	120.29	0.890
23	6-5	110.3	95.63	0.867	48	10-4	95.2	90.45	0.950
24	8-4	134.3	117.76	0.877	49	10-10	93.2	90.76	0.974
25	8-5	120	108.49	0.904					

对于极限荷载 N_p，按照数理统计方法计算，本章方法与试验结果比值的均值为 0.921，标准差为 0.0999，变异系数为：0.0999÷0.921 × 100%＝10.85%。因此，采用本章方法的计算结果与试验值吻合较好，且偏于安全。

2.6.7　计算图表

为了达到手算目的，绘制了圆形截面的计算图表(图 2.21)[17]。该图表能够用于配筋设计、截面验算、边缘应变查询和受力状态判断。截面参数选用：纵向钢筋HRB400，$f_y=330\text{N/mm}^2$，$\varepsilon_y=1.65‰$，$a_s=0.2r$。

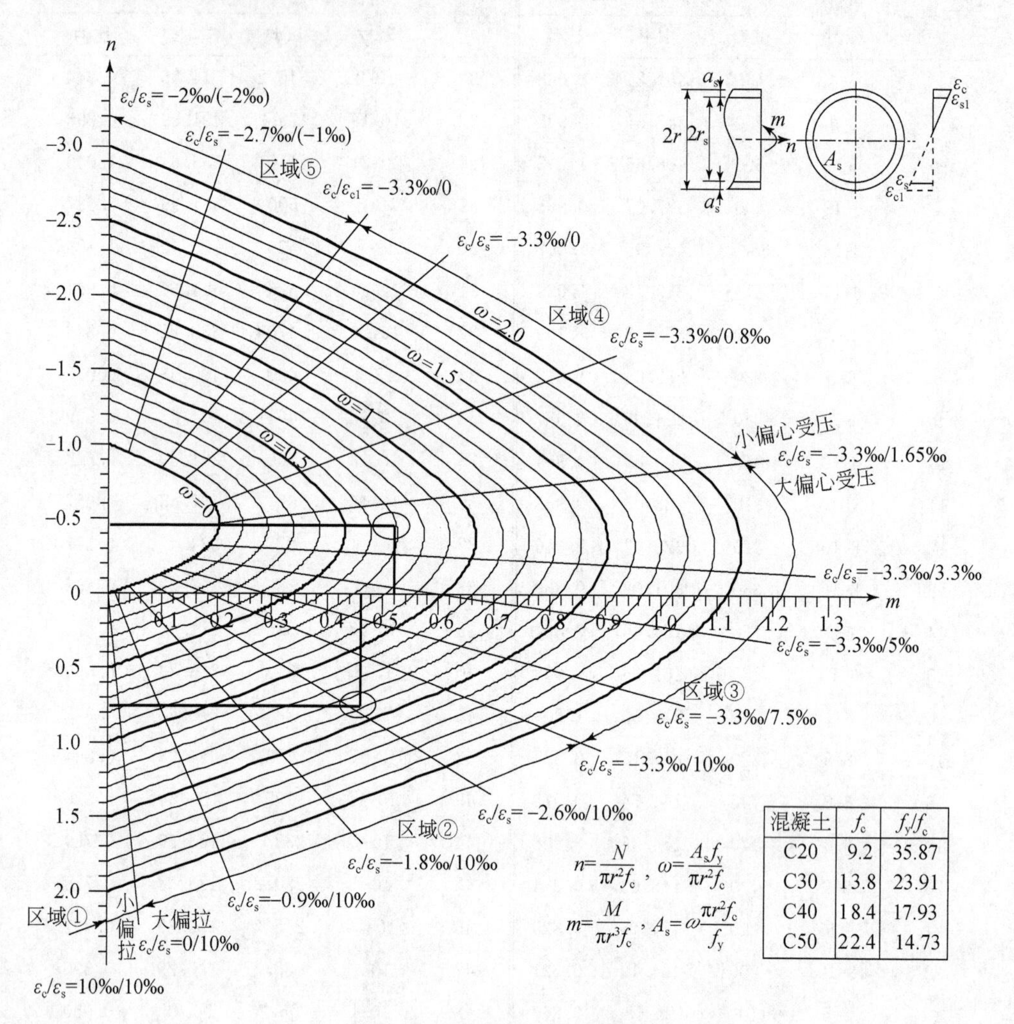

混凝土	f_c	f_y/f_c
C20	9.2	35.87
C30	13.8	23.91
C40	18.4	17.93
C50	22.4	14.73

图 2.21　圆形截面的计算图表

采用与图 2.21 相同的截面参数，混凝土 C30，$f_y=13.8\text{N/mm}^2$，$r=200\text{mm}$，$r_s=160\text{mm}$，结构重要性系数 $\gamma_0=1$。

1）压弯情况

已知压力 $N=-800\text{kN}$，$Ne_0=180\text{kN}\cdot\text{m}$，求纵向钢筋面积 A_s。

(1)按照《混凝土规范》的方法。

将各参数代入《混凝土规范》中公式(E.0.3)，有

$$\begin{cases}\alpha \times 13.8 \times \pi \times 200^2 \times \left(1-\dfrac{\sin 2\pi\alpha}{2\pi\alpha}\right)+(\alpha-\alpha_t)\times 330A_s = 1\times 8\times 10^5 \\ \dfrac{2}{3}\times 13.8\times\pi\times 200^3\times 200\,\dfrac{\sin^3\pi\alpha}{\pi}+330A_s\times 160\,\dfrac{\sin\pi\alpha+\sin\pi\alpha_t}{\pi}=1\times 180\times 10^6 \\ \alpha_t=1.25-2\alpha\end{cases}$$

上面三个方程中有3个未知量α_t、α和A_s，需联立求解，且是超越方程，无法手算，还需编程迭代求解，利用计算机编程迭代后求得$\alpha=0.44867$，则

$$\alpha_t=1.25-2\times 0.44867=0.35266$$

$$A_s=\frac{8\times 10^5-0.44867\times 13.8\pi\times 200^2\times\left[1-\dfrac{\sin(2\pi\times 0.44867)}{2\pi\times 0.44867}\right]}{330\times(0.44867-0.35266)}=3453\text{mm}^2$$

(2)采用图2.21。

无量纲的轴力和弯矩为

$$n=\frac{-800\times 10^3}{\pi\times 200^2\times 13.8}=-0.46$$

$$m=\frac{180\times 10^6}{\pi\times 200^3\times 13.8}=0.52$$

查图2.21，有$\omega=0.68$，C30混凝土对应的$\dfrac{f_y}{f_c}=23.91$，则

$$A_s=\frac{0.68\pi\times 200^2}{23.91}=3572\text{mm}^2$$

查图2.21可知，属于区域③大偏心受压，混凝土受压边缘位置和钢环下边缘位置应变为

$$\frac{\varepsilon_c}{\varepsilon_s}=\frac{-3.3‰}{2.3‰}$$

《混凝土规范》与本书结果的比值为$3453\div 3572=1.034$，误差为3.4%，略偏于不安全。

2) 拉弯情况

已知拉力$N=1300\text{kN}$，$Ne_0=160\text{kN}\cdot\text{m}$，求$A_s$。

无量纲轴力和弯矩为

$$n=\frac{1300\times 10^3}{\pi\times 200^2\times 13.8}=0.75$$

$$m=\frac{160\times 10^6}{\pi\times 200^3\times 13.8}=0.46$$

查图2.21，有$\omega=1.38$，则

$$A_s=\frac{1.38\pi\times 200^2}{23.91}=7253\text{mm}^2$$

查图2.21可知，属于区域②大偏心受拉，混凝土受压边缘位置和钢环下边缘

位置应变为

$$\frac{\varepsilon_c}{\varepsilon_s}=\frac{-2.7‰}{10‰}$$

3）结果分析

图表法可能的偏差来自于查表的读数误差。以图 2.21 比例估算读数误差，图中 ω 线间隔为 0.1，若以 1/5 刻度计算，误差为 0.02，在本实例中相当于 $A_s=0.02\pi\times200^2\div23.91=105\text{mm}^2$，压弯和拉弯误差为 3%和 1.4%，满足精度 5%以内的要求。在实际使用时需将图形比例放大，这样读数误差能够有效地控制。

相对于《混凝土规范》，图表法简单快捷，无需解方程，没有复杂的计算过程，计算形式统一，一图多用。无论是对轴心受拉、小偏拉、大偏拉、纯弯、大偏压、小偏压和轴心受压等多种情况，还是不同混凝土强度等级，均只须按无量纲公式，计算出 m-n 值，然后查图便可进行配筋计算，实属一有效的手算工具。截面强度验算方法类似，不再赘述。

对图形敏感的参数是等效钢环受力点至截面近边缘距离 a_s。通过参数分析可知，选择 $a_s=0.2r$ 为间隔绘制不同的图形，按就近原则使用可以满足精度要求。

2.7　本章小结

(1)基于图 2.6 极限状态截面可能的应变分布规律，给出了一种新的任意截面钢筋混凝土构件正截面承载能力的逆算方法，由极限应变求解极限内力。该方法计算简单，概念清晰，无需迭代，即由每一组确定极限应变计算出的内力必然是极限内力，两者为一一对应的关系，而且具有广泛的适用性，可用于任意的本构关系、任何截面形状和配筋分布等情况。

(2)基于这一逆算思路，分别给出了钢筋混凝土矩形截面和圆形截面截面承载力的计算公式、计算过程和算例，以及圆形截面和环形截面在纯弯状态的计算表格。当采用无量纲形式[式(2.11)和式(2.48)]后，轴力-弯矩相关曲线涵盖的参数范围更广，仅用一张图就能够表示 C50 及以下各种混凝土强度等级(矩形截面见图 2.9；圆形截面见图 2.19 和图 2.21)，以及各种截面尺寸，为设计人员的设计工作带来了方便。

(3)这一计算方法没有采用传统的等效矩形应力图的假设，而是首先确定图 2.6 所示的从轴心受拉到轴心受压的整个可能的应变变化区域，即图 2.6 中的区域①～区域⑤，然后依据应力大小严格满足混凝土和钢筋的整个本构关系曲线进行计算。

参考文献

[1] Park R，Pauley T. 钢筋混凝土结构[M]. 秦文钺译 . 重庆：重庆大学出版社，1985.

[2] European Concrete Platform ASBL. Eurocode 2 Commentary[M]. Brussels: European concrete Platform ASBL, 2008.

[3] 周东华,王琼芬,樊江,等. 一新的混凝土配筋计算方法:无量纲图表法[J]. 工程力学,2010,27(1):165—172.

[4] 周东华,程郝明,王海莹,等. 新的 k_{h_0}-法计算单筋梁[J]. 工程力学,2007,24(12):106—112.

[5] 周东华,程郝明,罗志坚,等. 新的 k_{h_0}-法计算双筋梁[J]. 工程力学,2008,25(2):188—192.

[6] 中华人民共和国交通运输部,中交公路规划设计院. JTG D62—2004 公路钢筋混凝土及预应力混凝土桥涵设计规范[S]. 北京:人民交通出版社,2004.

[7] 吴德安. 混凝土结构计算手册[M]. 北京:中国建筑工业出版社,2002.

[8] 蓝宗建. 混凝土结构设计原理[M]. 南京:东南大学出版社,2008.

[9] 方志. 钢筋混凝土圆形截面偏压构件的正截面强度与变形[J]. 中国公路学报,194,7(1):52—58.

[10] 吴明军,陈少云. 钢筋混凝土圆形截面受弯构件配筋简化计算方法研究[J]. 建筑结构,2010,40(10):102—104.

[11] 陈旭,周东华,韩春秀,等. 圆形截面受弯配筋计算的精确算法[J]. 建筑结构,2014,44(22),92—97.

[12] 弓俊青,朱晞. 钢筋混凝土空心圆端墩柱截面弯曲承载力和延性的分析研究[J]. 土木工程学报,2001,34(2):11—16.

[13] 徐有邻,周氏. 混凝土结构设计规范理解与应用[M]. 北京:中国建筑工业出版社,2002.

[14] Edoardo C, Carmine G, Giuseppe M. A simplified method for flexural capacity assessment of circular RC cross～sections[J]. Engineering Structures, 2011, 33(3):942—946.

[15] 顾冬生,吴刚,吴智深. RC 圆柱受弯承载力极限值计算方法研究[J]. 工程力学,2012,29(8):227—235.

[16] 张树仁,黄侨. 钢筋混凝土圆形截面偏心受压构件正截面强度计算[J]. 重庆交通学院学报,1985,4(4):165—172.

[17] 陈旭,周东华,赖应良,等. 钢筋混凝土圆形构件正截面承载力的图算法[J]. 中国公路学报,2015,28(6):51—58,66.

第 3 章　钢截面弯矩-曲率关系的解析法

3.1　概　　述

通常采用数值迭代的方法来获得反映截面弹塑性的弯矩-曲率关系，而用解析法获得这一关系的尝试还不多见，因其推导较为复杂。解析法的解析式虽然冗长和复杂，但也有其优点，用解析式一次计算得到的是一条曲线，而用数值迭代每次得到的仅是一个点，有了解析表达式要获得弹塑性的弯矩-曲率关系的整个全貌就很方便了。

通过前述分析可知，在确定柱子二阶弹塑性极限承载力时，数值积分方法需要通过 4 层迭代循环来完成，位于最底层也是运算次数最多的循环是由弯矩求曲率的过程。因此，若能获得弯矩-曲率关系的解析算法，必然能极大地提高计算机的运行效率。

为了得到钢筋混凝土截面弯矩-曲率关系的解析方法(第 4 章)，本章对钢截面的解析方法进行推导。目前现有的方法中，仅针对矩形钢截面有解析表达式(3.2 节)，这些表达式是以弯矩 m、轴力 n 和曲率 ϕ 为变量。

而对于工字形等一般截面，要直接获得这三个变量之间的表达式是困难的。为此，本章引入纯弯曲高度系数、受压塑性区高度系数、受拉塑性区高度系数等中间参数，以截面的两个边缘应变为自变量，采用由应变求解内力的逆算方法，基于 3 个应变变化区域，由矩形截面分析开始，得到一般截面的计算方法，给出矩形和工字形弯矩、轴力和曲率的解析表达式，以及三个极限状态(弹性、单侧塑性和双侧塑性)的解析表达式。最后，得到轴力不变和曲率不变两种情况下的截面轴力-弯矩-曲率曲线，以及截面轴力-弯矩相关曲线。这些曲线反映了轴力-弯矩-曲率三个变量间相互依存和变化的全貌。

仅就矩形截面而言，尽管本章 3.3 节的推导过程比通常的以弯矩、轴力和曲率为变量的解析表达[式(3.6)和式(3.7)][1~3]更为复杂，但这种逆解的思路更具有通用性，能够适用于其他更多的截面类型[4]。首先给出矩形截面推导过程的原因，一是将结果与现有的解析式对比以验证其正确性，二是推导更复杂情况的方法也应由简单的情况开始。

3.2　矩形钢截面的经典解法

3.2.1　钢的弹塑性本构关系

在工程实践中，结构用钢的应力-应变曲线通常采用理想弹塑性模型，数学表达式为

$$\sigma=\begin{cases}-f_y, & \varepsilon<-\varepsilon_y \\ E\varepsilon, & |\varepsilon|<\varepsilon_y \\ f_y, & \varepsilon>\varepsilon_y\end{cases} \tag{3.1}$$

式中，f_y为钢的抗拉(压)强度设计值；E 为钢的弹性模量；ε_y为钢的屈服应变设计值，$\varepsilon_y=\dfrac{f_y}{E}$。

这一双线性模型，具有如下特性：在屈服点之前，钢材处于弹性阶段，服从胡克定律；超过屈服点，产生塑性流动，在应力不增加的情况下应变可以显著增大。

3.2.2　纯弯受力的矩形钢截面

钢材理想弹塑性的本构关系为分段函数，决定了弯矩-曲率关系的解析式也为分段函数。因此，首先需要获得临界状态的弯矩和曲率，纯弯截面的临界状态包括：

(1)弹性阶段和弹塑性阶段之间的临界状态，简称弹性极限状态。

(2)极限承载力状态，简称极限状态。

当矩形钢截面没有受到轴力，只受到弯矩作用时，中性轴位于截面形心轴。在弹性极限状态，截面的边缘纤维恰好屈服；在极限状态，截面的边缘纤维全部屈服。将应力对截面积分，容易得到弹性极限弯矩 M_y、弹性极限曲率 Φ_y和极限弯矩 M_u的计算式为

$$\begin{cases}M_y=\dfrac{1}{6}bh^2f_y, & \Phi_y=\dfrac{2\varepsilon_y}{h} \\ M_u=\dfrac{1}{4}bh^2f_y, & \Phi_u=\infty\end{cases} \tag{3.2}$$

式中，b 为截面的宽度；h 为截面的高度。

针对弹性和弹塑性阶段，可分别得到弯矩 M 和曲率 Φ 之间的计算式。

(1)弹性阶段($M\leqslant M_y$)，有

$$M=EI\Phi,\quad I=\frac{bh^3}{12} \tag{3.3}$$

(2)弹塑性阶段($M_y<M\leqslant M_p$)，有

$$\begin{cases}\Phi=\dfrac{\Phi_y}{\sqrt{3-2\dfrac{M}{M_y}}}\\ \varepsilon_b=0.5h\Phi\\ M=\dfrac{1}{4}bh^2f_y-\dfrac{1}{12}bh^2f_y\left(\dfrac{\varepsilon_y}{\varepsilon_b}\right)^2\end{cases}\tag{3.4}$$

式中，ε_b为截面边缘纤维应变。

3.2.3 压弯受力的矩形钢截面

轴力 N、弯矩 M 和曲率 Φ 采用无量纲形式 n、m 和 ϕ，计算式为

$$\begin{cases}n=\dfrac{N}{bhf_y}\\ m=\dfrac{6M}{bh^2f_y}\\ \phi=h\Phi\end{cases}\tag{3.5}$$

压弯截面的临界状态包括：①弹性极限状态；②单侧塑性极限状态；③极限状态。由此，弹性极限弯矩 m_y、弹性极限曲率 ϕ_y、单侧塑性弯矩 m_{pl}、单侧塑性曲率 ϕ_{pl}、极限弯矩 m_u和极限曲率 ϕ_u的计算式分别为

$$\begin{cases}m_y=1-n\\ \phi_y=2\varepsilon_y(1-n)\\ m_{pl}=1+n-2n^2\\ \phi_{pl}=\dfrac{2\varepsilon_y}{1-n}\\ m_u=1.5(1-n^2)\\ \phi_u=\infty\end{cases}\tag{3.6}$$

弹性、单侧塑性和双侧塑性阶段，弯矩 m 和曲率 ϕ 之间的关系式为

$$m=\begin{cases}\dfrac{\phi}{2\varepsilon_y}, & 0\leqslant\phi\leqslant\phi_y\\ 3(1-n)-\dfrac{2(1-n)^{1.5}}{\sqrt{\dfrac{\phi}{2\varepsilon_y}}}, & \phi_y<\phi\leqslant\phi_{pl}\\ 1.5(1-n^2)-\dfrac{\varepsilon_y^2}{\phi^2}, & \phi>\phi_{pl}\end{cases}\tag{3.7}$$

3.3　矩形钢截面的解析法

3.3.1　弹性区的计算

将弹性区称为区域Ⅰ，此时截面上边缘纤维应变 $\varepsilon_c \geqslant -\varepsilon_y$。假设截面初始状态弯矩为0，截面应变 LL' 为一垂线，如图3.1(a)中的虚线所示。若欲使弯矩向正方向变化，则截面应变 LL' 只能由垂直开始往顺时针方向转动，对应 ε_c 由初始应变(ε_0)递减为受压屈服应变($-\varepsilon_y$)，应力分布为三角形，如图3.1(b)所示。

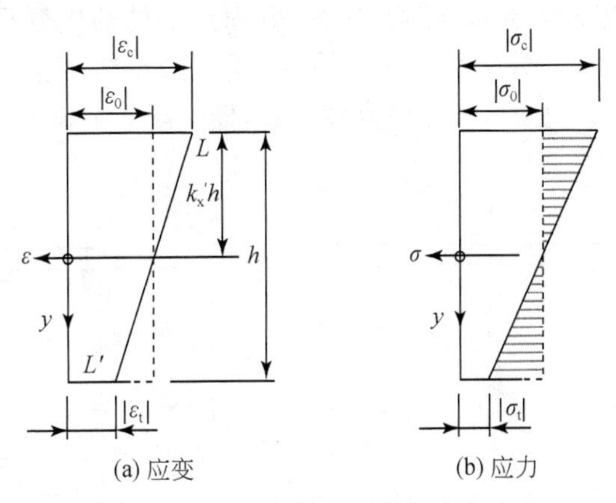

图3.1　弹性区的应变和应力

初始状态时，假设承受的轴力为 N_0，且 $|N_0| \leqslant bhf_y$，此时曲率为0，初始应变为

$$\varepsilon_0 = \frac{N_0}{Ebh} = -n_0\varepsilon_y$$

$$\Rightarrow n_0 = -\frac{\varepsilon_0}{\varepsilon_y} \tag{3.8}$$

无论是弹性还是塑性，应变均呈线性分布，满足叠加原理，故可将任意纤维处的应变分解为轴压应变(ε_0)和纯弯曲应变。假设两者交点所在的水平轴线为纯弯曲中性轴，纯弯曲受压区高度系数 k_x' 为纯弯曲中性轴至受压边缘的距离与截面高度的比值。这样，纯弯受压区高度区始终在[0.5h,h](截面内)变化。

由几何关系和平衡条件，有

$$\begin{cases} k_x' = \dfrac{\varepsilon_0 - \varepsilon_c}{\varepsilon_t - \varepsilon_c} \\ n = \dfrac{\varepsilon_t + \varepsilon_c}{2\varepsilon_y} \\ m = \dfrac{\varepsilon_t - \varepsilon_c}{2\varepsilon_y} \end{cases} \tag{3.9}$$

弯曲后若要保持轴力不变($n=n_0$),即图 3.1 中阴影部分纯弯曲受拉和受压应力面积相等,$k'_x=0.5$,则

$$\varepsilon_t=2\varepsilon_0-\varepsilon_c \tag{3.10}$$

将式(3.10)代入式(3.9),式(3.9)未知量由两个变为一个,在轴力不变($n=n_0$)情况下,仅由一个 ε_c 便可以确定截面应变 LL',以及曲率、轴力和弯矩三个变量的值。

3.3.2　单侧塑性区的计算

将单侧塑性区称为区域Ⅱ,此时截面上边缘纤维应变 $\varepsilon_c<-\varepsilon_y$,下边缘纤维应变 $\varepsilon_t<\varepsilon_y$。在单侧塑性区,截面应变 LL' 继续顺时针转动,ε_c 由 $-\varepsilon_y$ 开始继续递减,直至下边缘纤维应变 ε_t 等于 ε_y。对于压杆,截面形心处的应变只能从 0 向压应变(负应变)方向发展,即 $\varepsilon_0\leqslant 0$,由于 ε_0 的存在,受压边缘应变会比受拉边缘先达到屈服应变 ε_y。假设 k_{x1} 为受压塑性区高度系数,即受压区中应力分布为矩形部分的高度系数,见图 3.2。

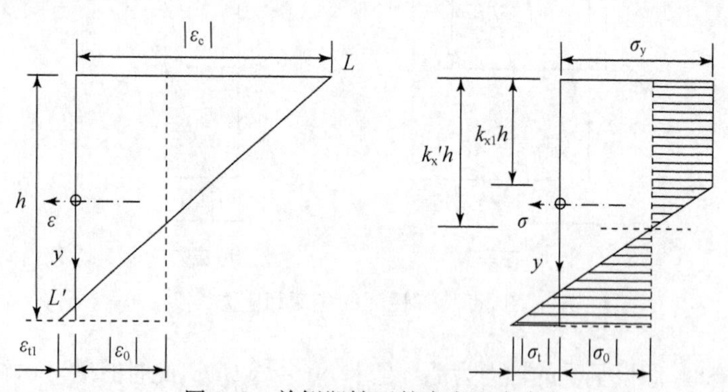

图 3.2　单侧塑性区的应变和应力

由几何关系有

$$\begin{cases} k'_x=\dfrac{\varepsilon_0-\varepsilon_c}{\varepsilon_t-\varepsilon_c} \\ k_{x1}=-\dfrac{\varepsilon_y+\varepsilon_c}{\varepsilon_t-\varepsilon_c} \end{cases} \tag{3.11}$$

由截面内力平衡得

$$\begin{cases} n=\dfrac{1}{2\varepsilon_y}[\varepsilon_t-\varepsilon_c-k_{x1}(\varepsilon_y+\varepsilon_c)] \\ m=\dfrac{1}{2\varepsilon_y}[\varepsilon_t-\varepsilon_c+k_{x1}(\varepsilon_y+\varepsilon_c)(3-2k_{x1})] \end{cases} \tag{3.12}$$

式中,弯矩也采用无量纲形式 m;M_y 为纯弯状态下边缘纤维恰好屈服时的截面弯矩。

$$m=\frac{M}{M_y},\quad M_y=\frac{bh^2f_y}{6} \tag{3.13}$$

将轴力不变条件 $n=n_0$ 与式(3.12)的第一式联立求解,得到 ε_t 与 ε_c 的关系:

$$\varepsilon_t=\varepsilon_0+\sqrt{(\varepsilon_y+\varepsilon_0)(-2\varepsilon_c+\varepsilon_0-\varepsilon_y)} \tag{3.14}$$

3.3.3　双侧塑性区的计算

将双侧塑性区称为区域Ⅲ,此时 $\varepsilon_t\geqslant\varepsilon_y$。在双侧塑性区,截面应变 LL' 继续顺时针转动,ε_t 从 ε_y 开始增大,直到达到截面承载力的极限状态。假设 k_{x2} 为受拉塑性区高度系数,见图 3.3。

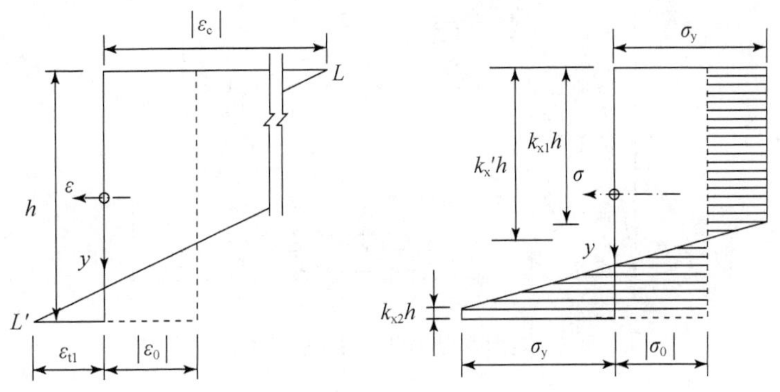

图 3.3　双侧塑性区的应变和应力

同理,可得到 3 个系数的计算式为

$$\begin{cases} k'_x=\dfrac{\varepsilon_0-\varepsilon_c}{\varepsilon_t-\varepsilon_c} \\ k_{x1}=-\dfrac{\varepsilon_y+\varepsilon_c}{\varepsilon_t-\varepsilon_c} \\ k_{x2}=\dfrac{\varepsilon_t-\varepsilon_y}{\varepsilon_t-\varepsilon_c} \end{cases} \tag{3.15}$$

轴力和弯矩的计算式为

$$\begin{cases} n=\dfrac{1}{2\varepsilon_y}[\varepsilon_t+\varepsilon_c-k_{x1}(\varepsilon_y+\varepsilon_c)-k_{x2}(\varepsilon_t-\varepsilon_y)] \\ m=\dfrac{1}{2\varepsilon_y}[\varepsilon_t-\varepsilon_c+k_{x1}(\varepsilon_y+\varepsilon_c)(3-2k_{x1})-k_{x2}(\varepsilon_t-\varepsilon_y)(3-2k_{x2})] \end{cases} \tag{3.16}$$

ε_t 与 ε_c 的关系式为

$$\varepsilon_t=\varepsilon_c\left(1+\frac{2\varepsilon_y}{\varepsilon_0-\varepsilon_y}\right) \tag{3.17}$$

3.3.4　轴力不变的弯矩-曲率关系

设 ε_c 为已知,从 ε_0 开始递减,每一个固定的 ε_c 有一个 ε_t 值满足轴力平衡方程 $n=n_0$,即 ε_c 和截面应变 LL' 具有一一对应的关系,再判断所属区域,分别代入相应的方程，又由曲率 $\phi = h\Phi = \varepsilon_t - \varepsilon_c$，可得轴力不变情况的弯矩-曲率关系。

上述过程通过计算机编程实现，能够快速准确地获得各变量结果，如图 3.4 所示。其中，Y_1点为弹性区和单侧塑性区的临界点，本书称其为弹性极限点，此时 $\varepsilon_c = -\varepsilon_y$；$Y_2$点为单侧塑性极限点，此时 $\varepsilon_t = \varepsilon_y$；$U$ 点为双侧塑性极限点(极值点)，此时 $\varepsilon_c = +\infty$，$\varepsilon_t = -\infty$，应力图为两个矩形。

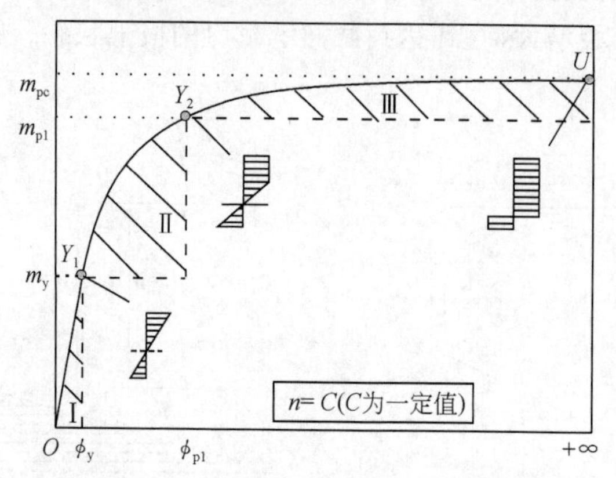

图 3.4　矩形钢截面的弯矩-曲率关系曲线

弯矩-曲率关系曲线的陡缓程度反映了截面刚度的变化程度。弹性区域Ⅰ的 OY_1段是直线，其斜率为抗弯刚度 EI，单侧塑性区域Ⅱ的 Y_1Y_2段斜率递减，双侧塑性区域Ⅲ的 Y_2U 段斜率递减更为明显，最终变为水平直线，即曲线末端(极值点 U)的抗弯刚度为 0。

3.3.5　极限状态的解析式

由图 3.4 中临界点 Y_1、Y_2和 U 的应力图，可推导出弹性极限点、单侧塑性极限点和双侧塑性极限点各变量的计算表达式，分别见式(3.18)～式(3.20)。

$$\begin{cases} k_{xy} = 0.5 \\ \phi_y = 2\varepsilon_y(1-n) \\ m_y = 1-n \end{cases} \tag{3.18}$$

$$\begin{cases} k_{xp1} = \dfrac{1+n^2}{2} \\ \phi_{p1} = \dfrac{2\varepsilon_y}{1-n} \\ m_{p1} = 1+n-2n^2 \end{cases} \tag{3.19}$$

$$\begin{cases} k_{xpc} = \dfrac{1+n}{2} \\ \phi_{pc} = +\infty \\ m_{pc} = 1.5-1.5n^2 \end{cases} \tag{3.20}$$

式中，k_{xy}、k_{xp1}和k_{xpc}分别为三个极限状态纯弯曲受压区的高度系数；ϕ_y、ϕ_{p1}和ϕ_{pc}分别为三个极限状态的曲率；m_y、m_{p1}和m_{pc}分别为三个极限状态的弯矩。

若取n为变量，由式(3.18)～式(3.20)计算m值，可得截面轴力-弯矩相关曲线。

此外，当ε_c达到理论上的$+\infty$，即ϕ也为$+\infty$时，弯矩为截面承载能力极限值m_{pc}，即为图 3.4 中的U点。当已知一个截面的轴力和弯矩值，通过判断弯矩与式(3.18)～式(3.20)计算出的三个极限状态的弯矩值的关系，可知截面应力所属的状态(弹性、单侧塑性或双侧塑性)。

3.3.6　可能的应变变化区域

将弹性区(区域Ⅰ)、单侧塑性区(区域Ⅱ)和双侧塑性区(区域Ⅲ)的应变情况绘入坐标，如图 3.5 所示。

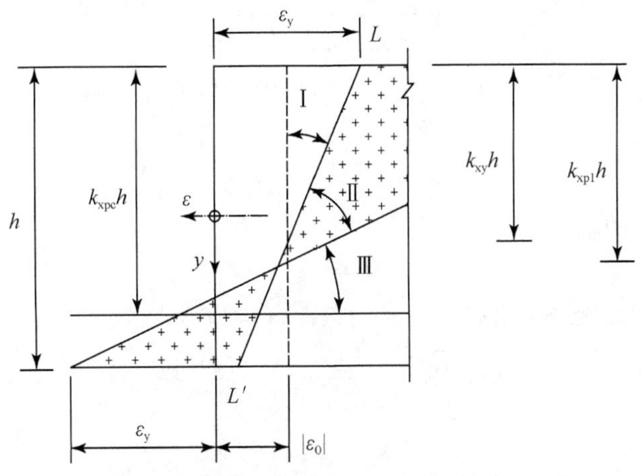

图 3.5　弯矩-曲率关系计算时的应变变化区域

由弯矩-曲率关系曲线(图 3.4)可知，曲线的起点为O，弯矩和曲率为 0，因而截面的初始状态为轴心受拉或受压，初始状态的应变为一垂线。曲线终点的曲率无穷大，因而最终状态的应变为一水平线。所以由起点到终点，截面应变的变化过程是：LL'从轴压应变$\varepsilon=\varepsilon_0$，顺时针转动至水平位置$y=(k_{xpc}-0.5)h$，分别经过区域Ⅰ、Ⅱ和Ⅲ，对应了弯矩从 0 增至$m_{pc}$，曲率从 0 增至$+\infty$，纯弯曲中性轴位置从$k_{xy}$、$k_{xp1}$下移至$k_{xpc}$，其所涵盖的区域为弯矩和曲率关系计算的应变的变化区域。

这一应变区域实质上是满足轴力不变($n=n_0$)和弯矩为正两个条件的应变自变量的范围，若假设应变值在区域外则无解。

3.4　工字形钢截面的解析法

如图 3.6 所示为工字形的对称截面。为了更具一般性,截面尺寸采用无量纲化形式:$t=\dfrac{T}{h}$，$t_w=\dfrac{T_w}{b}$，$h_w=\dfrac{H_w}{h}$。其中,T、T_w 和 H_w 分别为翼缘宽度、腹板宽度和腹板高度。

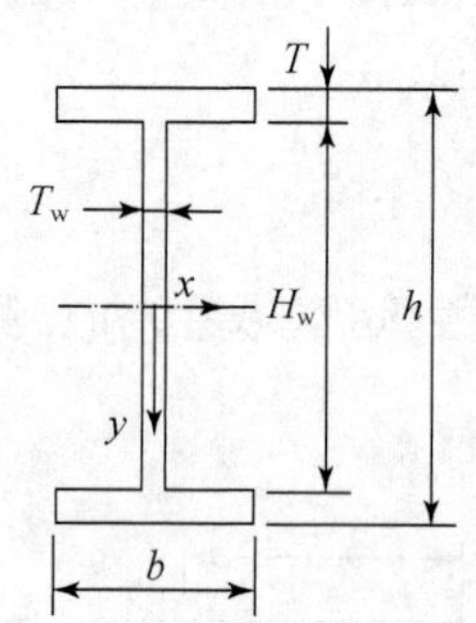

图 3.6　工字形钢截面的尺寸

截面面积为

$$s=bh(2t+h_wt_w) \tag{3.21}$$

轴压屈服时的轴力为

$$N_y=E\varepsilon_y s \tag{3.22}$$

纯弯状态下边缘纤维恰好屈服时的截面弯矩为

$$M_y=\frac{Ebh^2\varepsilon_y[1-(1-t_w)h_w^3]}{6} \tag{3.23}$$

3.4.1　计算方法

相对于矩形截面,工字形计算过程和方法也是相同的,应变发展仍分为区域Ⅰ、Ⅱ和Ⅲ,应变区域化分与图 3.5 相同。如图 3.7 所示,同样假设三个高度系数,以边缘纤维应变 ε_c 和 ε_t 为两个自变量。

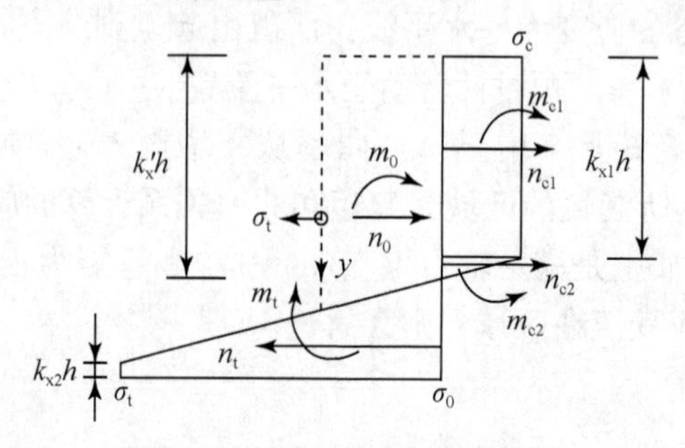

图 3.7　轴力-弯矩的计算简图

1. 高度系数的计算

对于弹性区(区域Ⅰ),应变 $\varepsilon_c \geqslant -\varepsilon_y$,由几何关系可知,三个高度系数与截面边缘应变的关系式为

$$\begin{cases} k'_x = \dfrac{\varepsilon_0 - \varepsilon_c}{\varepsilon_t - \varepsilon_c} \\ k_{x1} = 0 \\ k_{x2} = 0 \end{cases} \tag{3.24}$$

若截面为对称截面,此时还有 $k'_x = 0.5$。

同理,对于单侧塑性区(区域Ⅱ),应变 $\varepsilon_c < -\varepsilon_y$,且 $\varepsilon_t \leqslant \varepsilon_y$,三个高度系数与截面边缘应变的关系式为

$$\begin{cases} k'_x = \dfrac{\varepsilon_0 - \varepsilon_c}{\varepsilon_t - \varepsilon_c} \\ k_{x1} = -\dfrac{\varepsilon_y + \varepsilon_c}{\varepsilon_t - \varepsilon_c} \\ k_{x2} = 0 \end{cases} \tag{3.25}$$

对于双侧塑性区(区域Ⅲ),应变 $\varepsilon_c < -\varepsilon_y$,且 $\varepsilon_t > \varepsilon_y$,三个高度系数与截面边缘应变的关系式为

$$\begin{cases} k'_x = \dfrac{\varepsilon_0 - \varepsilon_c}{\varepsilon_t - \varepsilon_c} \\ k_{x1} = -\dfrac{\varepsilon_y + \varepsilon_c}{\varepsilon_t - \varepsilon_c} \\ k_{x2} = \dfrac{\varepsilon_t - \varepsilon_y}{\varepsilon_t - \varepsilon_c} \end{cases} \tag{3.26}$$

2. 轴力、弯矩和曲率的计算式

由图 3.7 截面平衡关系得 n、m 和 ϕ 的计算式为

$$\begin{cases} n = n_{c1} + n_{c2} + n_t + n_0 \\ m = m_{c1} + m_{c2} + m_t + m_0 \\ \phi = \varepsilon_t - \varepsilon_c \end{cases} \tag{3.27}$$

式中,n_{c1}、n_{c2}、n_t、m_{c1}、m_{c2} 和 m_t 分别为纯弯曲受拉或受压内力;m_0 和 n_0 为轴压情况的内力。

当截面对称时,有 $m_0 = 0$。当轴压力不变($n = n_0$)时,有

$$n_{c1} + n_{c2} + n_t = 0 \tag{3.28}$$

因工字形翼缘和腹板宽度不同,使得应力面积不是连续函数,n 和 m 解析式变得冗长而复杂,在区域Ⅱ和区域Ⅲ还需采用分段函数来表达。此外,n_{c1}、m_{c1} 表达式

与受压屈服高度 k_{x1} 是否在上翼缘高度 t 范围内有关；n_{c2}、m_{c2} 与 $k_{x1}h$ 是否在上翼缘高度范围内以及纯弯曲中性轴的位置是否进入下翼缘有关；n_t、m_t 与 $k_{x1}h$ 和受拉屈服高度 $k_{x2}h$ 是否在下翼缘高度 t 范围内有关。

3.4.2 分力的计算

利用平衡条件推导 n_{c1}、n_{c2}、n_t、m_{c1}、m_{c2} 和 m_t 的解析表达式。

1. 弹性区（区域Ⅰ：$\varepsilon_c \geqslant -\varepsilon_y$）

$$k'_x = 0.5,\quad n = \frac{\varepsilon_t + \varepsilon_c}{2\varepsilon_y},\quad m = \frac{\varepsilon_t - \varepsilon_c}{2\varepsilon_y} \tag{3.29}$$

2. 单侧塑性区（区域Ⅱ：$\varepsilon_c < -\varepsilon_y$，$\varepsilon_t < \varepsilon_y$）

1）n_{c1} 和 m_{c1}

当受压屈服高度系数 $k_{x1} \leqslant t$ 时，有

$$\begin{cases} n_{c1} = -\dfrac{bh(\varepsilon_y + \varepsilon_0)}{s\varepsilon_y} k_{x1} \\ m_{c1} = \dfrac{Ebh^2(\varepsilon_y + \varepsilon_0)}{2M_y} k_{x1}(1 - k_{x1}) \end{cases} \tag{3.30}$$

当 $k_{x1} > t$ 时，有

$$\begin{cases} n_{c1} = -\dfrac{bh(\varepsilon_y + \varepsilon_0)}{s\varepsilon_y}[t + t_w(k_{x1} - t)] \\ m_{c1} = \dfrac{Ebh^2(\varepsilon_y + \varepsilon_0)}{2M_y}[t - t^2 + t_w(k_{x1} - t)(1 - t - k_{x1})] \end{cases} \tag{3.31}$$

2）n_{c2} 和 m_{c2}

当受压屈服高度 $k_{x1} \leqslant t$，且纯弯曲受压区高度系数 $k'_x \leqslant 1 - t$ 时，有

$$\begin{cases} n_{c2} = \dfrac{bh(\varepsilon_y + \varepsilon_0)}{s\varepsilon_y}\left[k_{x1} - t + \dfrac{(t - k_{x1})^2}{2(k'_x - k_{x1})} + \dfrac{t_w(k'_x - t)^2}{2(k'_x - k_{x1})}\right] \\ m_{c2} = \dfrac{Ebh^2(\varepsilon_y + \varepsilon_0)}{2M_y}\left[\dfrac{(t - k_{x1})^2(2k_{x1} + 4t - 3)}{6(k'_x - k_{x1})} + t - t^2 \right. \\ \qquad\left. - k_{x1} + k_{x1}^2 + \dfrac{t_w(k'_x - t)^2(2k'_x + 4t - 3)}{6(k'_x - k_{x1})}\right] \end{cases} \tag{3.32}$$

当 $k_{x1} > t$，且 $k'_x \leqslant 1 - t$ 时，有

$$\begin{cases} n_{c2} = -\dfrac{bh(\varepsilon_y + \varepsilon_0)}{s\varepsilon_y} t_w(k'_x - k_{x1}) \\ m_{c2} = \dfrac{Ebh^2(\varepsilon_y + \varepsilon_0)}{2M_y} t_w(k'_x - k_{x1})\left(\dfrac{1}{2} - \dfrac{2k_{x1}}{3} - \dfrac{k'_x}{3}\right) \end{cases} \tag{3.33}$$

当 $k_{x1} > t$，且 $k'_x > 1 - t$ 时，有

$$\begin{cases} n_{c2} = -\dfrac{bh(\varepsilon_y + \varepsilon_0)}{2s\varepsilon_y}\left[k'_x - k_{x1} - (1-t_w)(1-t-k_{x1})\left(2 + \dfrac{1-t-k_{x1}}{k'_x - k_{x1}}\right)\right] \\ m_{c2} = \dfrac{Ebh^2(\varepsilon_y + \varepsilon_0)}{2M_y}\left[\dfrac{t_w(k_{x1}+t-1)^2(2k_{x1}-4t+1)}{6(k'_x - k_{x1})}\right. \\ \qquad \left. + t_w(t - t^2 - k_{x1} + k_{x1}^2) - \dfrac{(k'_x + t - 1)^2(2k'_x - 4t + 1)}{6(k'_x - k_{x1})}\right] \end{cases} \tag{3.34}$$

3) n_t和 m_t

当纯弯曲受压区高度系数 $k'_x > 1 - t$ 时，有

$$\begin{cases} n_t = \dfrac{bh(\varepsilon_y - \varepsilon_0)}{s\varepsilon_y}(1 - k'_x) \\ m_t = \dfrac{Ebh^2(\varepsilon_y - \varepsilon_0)}{4M_y}k'_x(1 - k'_x) \end{cases} \tag{3.35}$$

当 $k'_x \leqslant 1 - t$ 时，有

$$\begin{cases} n_t = \dfrac{bh(\varepsilon_y - \varepsilon_0)}{s\varepsilon_y}\left[t + \dfrac{t_w(1-t-k'_x)^2 - t^2}{2(1-k'_x)}\right] \\ m_t = \dfrac{Ebh^2(\varepsilon_y - \varepsilon_0)}{12M_y}\left[6t - 6t^2 - \dfrac{3t^2 - 4t^3}{(1-k'_x)} - \dfrac{2t_w(1-t-k'_x)^2(4t-1-2k'_x)}{(1-k'_x)}\right] \end{cases} \tag{3.36}$$

3. 双侧塑性区(区域Ⅲ:$\varepsilon_t \geqslant \varepsilon_y$)

区域Ⅲ中 n_{c1}、m_{c1}、n_{c2}、m_{c2}的计算表达式与区域Ⅱ的完全相同。当受拉屈服高度系数 $k_{x2} \leqslant t$ 时，有

$$\begin{cases} n_t = \dfrac{bh(\varepsilon_y - \varepsilon_0)}{2s\varepsilon_y}\left[t(1-t_w) + t_w(1 - k'_x + k_{x2}) - \dfrac{(1-t_w)(t-k_{x2})^2}{1 - k'_x - k_{x2}}\right] \\ m_t = \dfrac{Ebh^2(\varepsilon_y - \varepsilon_0)}{2M_y}\left[\dfrac{t_w(1-k'_x-t)^2(4t-1-2k_x)}{6(1-k'_x-k_{x2})} + 6t - 6t^2\right. \\ \qquad \left. + \dfrac{(k_{x2}-t)^2(2k_{x2}+4t-3)}{6(1-k'_x-k_{x2})}\right] \end{cases} \tag{3.37}$$

当 $k_{x2} > t$ 时，有

$$\begin{cases} n_t = \dfrac{bh(\varepsilon_y - \varepsilon_0)}{s\varepsilon_y}\left[t + t_w(k_{x2} - t) + \dfrac{t_w(1-k'_x-k_{x2})}{2}\right] \\ m_t = \dfrac{Ebh^2(\varepsilon_y - \varepsilon_0)}{2M_y}\left[t_w(k_{x2}-t)(1-k_{x2}-t) + t - t^2\right. \\ \qquad \left. + \dfrac{t_w(1-k'_x-k_{x2})}{6}(1 + 2k'_x - 4k_{x2})\right] \end{cases} \tag{3.38}$$

3.4.3　极限状态的解析式

(1)弹性极限，曲率为 $\phi_{y}=2\varepsilon_{y}(1-n)$ 时，

$$k_{xy}=0.5\ ,\quad m_{y}=1-n \tag{3.39}$$

(2)单侧塑性极限，曲率为 $\phi_{pl}=\varepsilon_{y}\dfrac{1-n}{1-k_{xpl}}$。

当 $n\leqslant\dfrac{t}{s}\left[1+\dfrac{(1-t_{w})h_{w}}{1-t}\right]$ 时，$k_{xl}\leqslant t$，受压屈服高度在上翼缘高度范围内，有

$$\begin{cases}k_{xpl}=\dfrac{1-n}{2}+\dfrac{1}{4}s\,(1+n)^{2}-\dfrac{1+n}{4}\sqrt{s^{2}\,(1+n)^{2}-4ns}\\ m_{pl}=\dfrac{Ebh^{2}\varepsilon_{y}}{M_{y}}\left[\dfrac{1-k_{xpl}}{1+n}-\dfrac{(1-k_{xpl})^{2}}{3\,(1+n)^{2}}-\dfrac{h_{w}^{3}(1-t_{w})(1+n)}{12(1-k_{xpl})}\right]\end{cases} \tag{3.40}$$

当 $\dfrac{t}{s}\left[1+\dfrac{(1-t_{w})h_{w}}{1-t}\right]<n\leqslant1-\dfrac{t}{s}$ 时，$k_{x1}>t$，受压屈服高度大于上翼缘高度，有

$$\begin{cases}k_{xpl}=\dfrac{3-n}{4}+\dfrac{1+n}{4}\left[\dfrac{sn}{t_{w}}-\sqrt{\left(1-\dfrac{s}{t_{w}}n\right)^{2}+4t^{2}\left(\dfrac{1}{t_{w}}-1\right)}\right]\\ m_{pl}=\dfrac{Ebh^{2}\varepsilon_{y}}{M_{y}}\left[t-t^{2}+\dfrac{t^{2}(4t-3)(1+n)}{12(1-k_{xpl})}\right.\\ \qquad\left.-\dfrac{t_{w}\,(2k_{xpl}+t-2+tn)^{2}(1+4t-4k_{xpl}+4tn-3n)}{12(1-k_{xpl})\,(1+n)^{2}}\right]\end{cases} \tag{3.41}$$

当 $n>1-\dfrac{t}{s}$，$k_{xl}>1-t$，受压屈服区进入下翼缘，有

$$\begin{cases}k_{xpl}=1-\dfrac{s}{2}+\dfrac{s}{2}n^{2}\\ m_{pl}=-\dfrac{Ebh^{2}\varepsilon_{y}}{24M_{y}}(n-1)[t(4+7h_{w}+6h_{w}^{2})+4t_{w}h_{w}^{3}]\end{cases} \tag{3.42}$$

(3)双侧塑性极限，曲率为 $\phi_{pc}=\varepsilon_{y}\dfrac{1-n}{1-k_{xpc}}$。

当 $n\leqslant\dfrac{t_{w}h_{w}}{s}$ 时，受压屈服高度在上翼缘高度范围内，有

$$\begin{cases}k_{xpc}=\dfrac{1}{2}+\dfrac{s}{2t_{w}}n\\ m_{pc}=\dfrac{Ebh^{2}\varepsilon_{y}}{M_{y}}\left[t-t^{2}+\left(\dfrac{1}{4}-t+t^{2}\right)t_{w}-\dfrac{s^{2}}{4t_{w}}n^{2}\right]\end{cases} \tag{3.43}$$

当 $n>\dfrac{t_{w}h_{w}}{s}$ 时，$k_{xl}>1-t$，受压屈服高度大于上翼缘高度，有

$$\begin{cases} k_{xpc} = 1 - \dfrac{s}{2}(1-n) \\ m_{pc} = \dfrac{Ebh^2\varepsilon_y}{4M_y}s(1-n)(2-s+sn) \end{cases} \tag{3.44}$$

3.5　矩形和工字形截面的算例

已知 Q345 钢，$f_y=310\text{N/mm}^2$，$E=2.06\times10^5\text{N/mm}^2$，$\varepsilon_y=1.5‰$，$\varepsilon_0=-n\varepsilon_y$。

矩形截面：$s=bh$，$N_y=310\,bh$，$M_y=51.67bh^2$。

工字形截面：$t=\dfrac{8}{216}$，$t_w=\dfrac{5.5}{100}$，$h_w=\dfrac{200}{216}$，$s=0.125\,bh$，$N_y=38.75\,bh$，$M_y=12.91\,bh^2$。

3.5.1　轴力不变的弯矩-曲率关系

取 $n=0,0.2,0.4,0.6,0.8,0.9$ 的六个值，由上述公式，分别计算矩形和工字形两种截面类型的弯矩-曲率关系，得到 12 条弯矩-曲率关系曲线，如图 3.8 所示。

分析两种不同的截面类型，共同点有：

(1)轴力对弯矩-曲率的影响显著，轴力使截面较早地进入塑性阶段，同时使弯矩承载力降低，随着轴力的增加，曲线弯曲的越早，曲线的高度下降的越多。

(2)弹性区位于同一直线上，即弹性刚度相同。由 0～0.8 五条等轴力变化曲线可见，曲线间距递增，表明轴力越大弯矩承载能力越小。

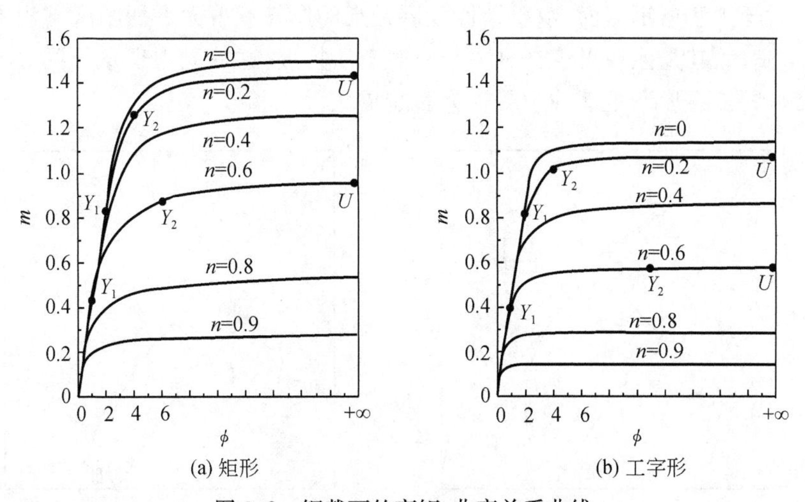

图 3.8　钢截面的弯矩-曲率关系曲线

图 3.8 也反映了两种截面各自的特点：

(1)工字形截面的弯矩受轴力的影响比矩形的大，原因在于工字形的腹板面积小，当轴力大于腹板能承受的轴力时，翼缘的部分面积也被用来承担轴力，从而削减了用于承受弯矩的翼缘面积。

(2)图 3.8 中标出了 $n=0.2$ 和 $n=0.6$ 时的区域临界点，轴力的大小将影响三个区域的大小，轴力小时，$0Y_1$ 段长（区域Ⅰ大），Y_1Y_2 段短（区域Ⅱ小，轴力为零时，无区域Ⅱ）；轴力大时，与前述的情况则相反。Y_2U 段的长短（区域Ⅲ）几乎不随轴力大小而改变，因其右端点均为无穷大。矩形和工字形的 $0Y_1$ 段相同，对于 Y_1Y_2 段，后者在轴力小时有所缩减，在轴力大时明显地增大。

3.5.2 轴力-弯矩相关关系

由式(3.18)～式(3.20)和式(3.39)～式(3.44)可分别得到截面轴力-弯矩相关曲线，如图 3.9 所示。图 3.9 分别给出了达到区域Ⅰ、Ⅱ和Ⅲ极限应变时的轴力-弯矩相关曲线：m_y、m_{p1} 和 m_{pc}。m_y 代表弹性极限相关曲线，m_{p1} 代表截面一侧出现塑性区直至另一侧达到弹性极限时的相关曲线，m_{pc} 代表截面两侧出现塑性区，且直至两侧应变趋于无穷大时的相关曲线。

从图 3.9 可以看出：

(1)由于截面一侧塑性发展，截面的压弯承载力可由曲线 m_y 增加至 m_{p1}，即两曲线包围区域（区域Ⅱ），若允许另一侧也出现塑性发展，则截面压弯承载力又可进一步从曲线 m_{p1} 扩展到曲线 m_{pc}，即增加了区域Ⅲ，除此之外，压弯承载力的增加是不均匀的，压力小的区域大，压力大的区域小，这在图 3.9 中体现在总的扩展区域（区域Ⅱ＋区域Ⅲ）呈由下张开至上收拢的形状。

(2)对于工字形钢截面，由于塑性发展带来的压弯承载力增加的区域没有矩形截面的饱满，尤其是区域Ⅲ仅在轴力很小时有所扩展，这一受力现象与图 3.8 中展现的一致，即工字形弯矩承载力受轴力影响更大。

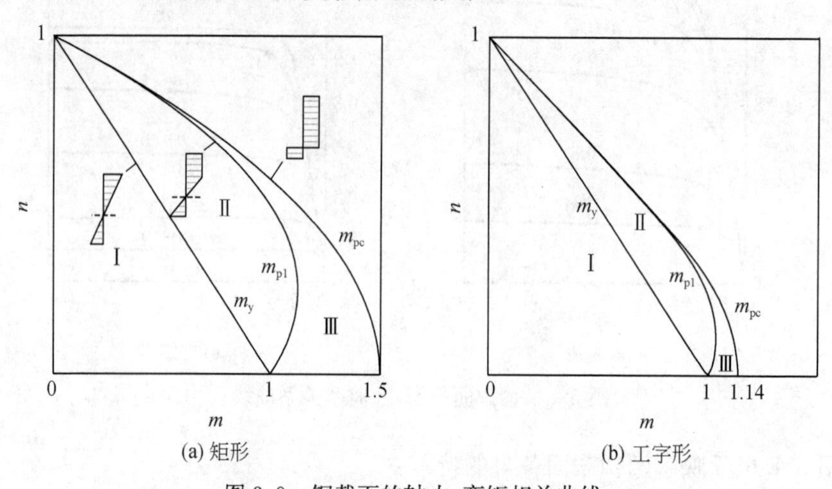

(a) 矩形　　(b) 工字形

图 3.9　钢截面的轴力-弯矩相关曲线

图 3.9 也反映出各种材料截面的承载能力：

(1)m_y直线可代表脆性材料(如木材、石材、素混凝土、玻璃)，当纤维应力达到屈服应力即破坏。

(2)m_{pl}曲线可代表弹塑性材料(如混凝土)，一侧部分纤维应力达到屈服应力时进入屈服状态，应变可持续增长，而当另一侧纤维应力达到屈服应力时即破坏。

(3)m_{pc}曲线为塑性材料(如钢材)，双侧纤维都能够屈服。

3.5.3 曲率不变的轴力-弯矩关系

若取曲率为定值，由 ε_c得到 ε_t，再计算 n-m 值，可得到曲率不变情况下的截面轴力-弯矩关系，如图 3.10 所示。

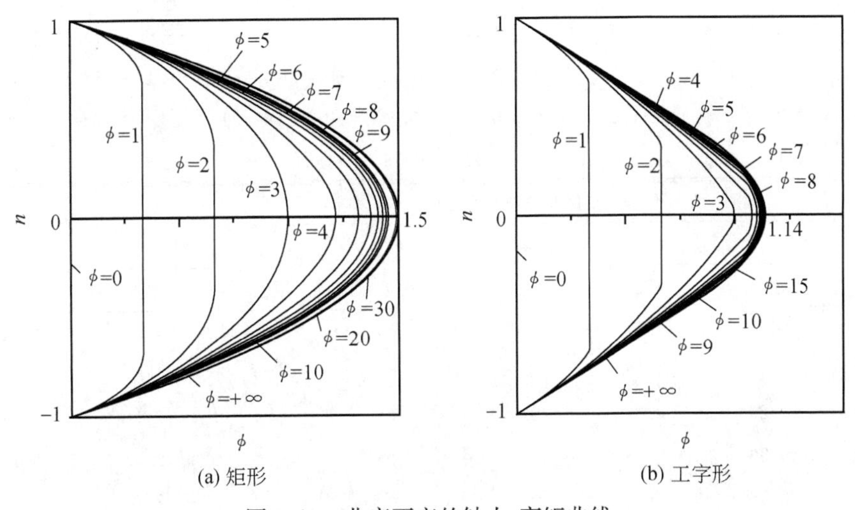

(a) 矩形　　(b) 工字形

图 3.10 曲率不变的轴力-弯矩曲线

图 3.10 呈左疏右密的状态，当曲率为 0 时，$m=0$，为纵坐标；当曲率为$+\infty$时，m-n 曲线即为图 3.9 中的 m_{pc}曲线(极限承载力曲线)。当 $\phi\leqslant3$ 且等曲率变化时，曲线也为等间距变化；当 $\phi>3$ 时，曲线间距为非线性递减，工字形递减更为明显，接近 m_{pc}曲线的曲线族几乎重叠在一起了。

当矩形 $\phi=30$、工字形 $\phi=15$ 时，曲线与 m_{pc}曲线几乎重合，表明此时的曲率对应的 m-n 值已接近极限值，因此，尽管钢材曲率理论上可以达到$+\infty$，但曲率的继续增加并未带来弯矩和轴力承载力的进一步增加。

另外，还可看到曲率小时，例如，当 $\phi=1$ 和 $\phi=2$ 时，曲线有竖直线段，表明在此竖直段内弯矩和轴力无相关性，随着曲率的增大，竖直线段消失，弯矩与轴力的相关性增强。

3.5.4 形状系数

形状系数反映了截面塑性发展的能力，是 m_{pc} 与 m_y 的比值。表 3.1 给出了图 3.8～图 3.10 中曲线上极限点的部分值，由此可以计算出形状系数。

表 3.1　钢截面极限状态的变量值

n	弹性极限状态				单侧塑性极限状态						
	m_y	ϕ_y	ε_c	ε_t	m_{pl}		ϕ_{pl}		ε_c		ε_t
	矩工	矩工	矩工	矩工	矩	工	矩	工	矩	工	矩工
0	1	2.43	−1.5	1.5	1	1	2.43	2.43	−1.5	−1.5	1.5
0.2	0.8	1.94	−1.5	0.9	1.2	1.02	3.03	4.14	−2.3	−3.6	1.5
0.4	0.6	1.46	−1.5	0.3	1.08	0.85	4.05	11.81	−3.6	−13.1	1.5
0.6	0.4	0.97	−1.5	−0.3	0.88	0.58	6.07	43.23	−6.1	−52.1	1.5
0.8	0.2	0.49	−1.5	−0.9	0.52	0.3	12.1	97.09	−13.6	−106	1.5
0.9	0.1	0.24	−1.5	−1.2	0.28	0.15	24.3	194.2	−28.6	−134	1.5

n	双侧塑性极限状态					形状系数	
	m_{pc}		ϕ_{pc}	ε_c	ε_t		
	矩	工	矩工	矩工	矩工	矩	工
0	1.5	1.14	+∞	+∞	−∞	1.5	1.14
0.2	1.44	1.07	+∞	+∞	−∞	1.8	1.34
0.4	1.26	0.87	+∞	+∞	−∞	2.1	1.45
0.6	0.96	0.58	+∞	+∞	−∞	2.4	1.45
0.8	0.54	0.3	+∞	+∞	−∞	2.7	1.5
0.9	0.29	0.15	+∞	+∞	−∞	2.9	1.5

注：矩表示矩形；工表示工字形，矩工表示矩形和工字形。

在纯弯时，按照本章方法计算的矩形和工字形截面的形状系数分别为 1.5 和 1.14，与文献[1]中的值相同，从这一点来说，也部分验证了本章的方法的正确性。

从表 3.1 可以看出：

(1)当轴力存在时，形状系数的数值将会发生变化，不再是定值，同时，可以看出，矩形和工字形两种截面压弯时的形状系数，压弯时矩形截面塑性强度储备远比工字形的高。

(2)矩形和工字形截面在单侧塑性极限状态下的曲率(ϕ_{pl})随 n 的变化差异很大，工字形的增长远比矩形的增长快，这表明轴力对工字形截面有双重的不利作用，一是降低弯矩承载力，二是大幅增加曲率。

3.6 本章小结

通常情况下,要得到截面的弹塑性轴力-弯矩-曲率关系的解析式是困难的或不可能实现的,因截面的塑性发展与加载历史(或内力历史)有关,为了克服这一难点,采用逆算方法,将应变作为自变量,进而可直接考虑材料的本构关系来求解截面内力(弯矩和轴力)和曲率,从而推导出钢压杆矩形和工字形截面的弹塑性轴力-弯矩-曲率关系的解析式,以及弹性极限、单侧塑性极限和双侧塑形极限的弯矩和曲率的解析式。用这些解析式计算得到轴力-弯矩-曲率三个变量间相互依存和变化的全貌,这对于揭示在复杂因素(内力间相互的耦合,同时伴随材料的非线性——截面的塑性发展)情况下截面内力的变化规律是极其有用的。

通过推导和计算得到以下一些截面受力的内在规律:

(1)轴力对弯矩-曲率关系的影响是很大的,轴力的存在或增加使得截面较早、较快地进入塑性阶段,从而使得弯矩承载力降低(图 3.8),轴力的这一影响在不同截面形式下表现也不同,工字形截面受到的影响更为不利。

(2)允许截面一侧出现塑性和塑性发展时,截面的压弯承载力可提高一个范围(由区域Ⅰ进入区域Ⅱ);若允许截面的另一侧也出现塑性和塑性发展,截面的压弯承载力还可进一步提高一个范围(进入区域Ⅲ),但塑性发展带来的压弯承载力提高是不均衡的,同样受到轴力的影响,区域Ⅱ+区域Ⅲ的范围呈下大上小的形状(图 3.9)。

(3)当曲率或截面边缘应变达到一定的数值时(通常并不大,图 3.10 中矩形截面 $\phi=30$,工字形截面 $\phi=15$),便可得到与曲率或截面边缘应变趋于无穷大时相差无几的截面内力。

(4)当轴力存在时,形状系数的数值将会发生变化,不再是定值,压弯时矩形截面塑性强度储备远比工字形的高(表 3.1)。

本章推导的截面轴力-弯矩-曲率的解析式也是进行杆件层次非线性计算的关键一环,如进行杆件的弹塑性挠度计算或考虑二阶效应杆件的塑性承载力的计算等,应用本章的解析式均能得到轴力-弯矩-曲率与截面边缘应变的一一对应关系。

对于T形、H形等其他类型的钢截面,或者混凝土等材料截面,这种基于边缘应变的逆算分析方法和过程也是相同的,在考虑相应本构关系和截面几何特征的基础上,同样能获得解析解。

参考文献

[1] 铁摩辛柯. 材料力学[M]. 第三版. 胡人礼译. 北京:高等教育出版社,1982.
[2] 陈惠发. 钢框架稳定设计[M]. 周绥平译. 上海:世界图书出版公司,1999.

[3] 陈惠发，Atsuta T. 梁柱分析与设计(第一卷:平面问题特性及设计)[M]. 周绥平译. 北京：人民交通出版社，1997.
[4] 陈旭，周东华，章胜平，等. 压弯截面的弹塑性弯矩-曲率相关关系的解析法[J]. 工程力学，2014，31(11)：175—182，197.

第 4 章　混凝土截面弯矩-曲率关系的解析法

4.1　概　　述

结构非线性分析先要确定截面的弯矩-曲率关系，因其可用于计算截面的强度、弯曲刚度、延性和结构的荷载-变形性能。钢筋混凝土是一种弹塑性材料，弯矩-曲率关系计算涉及混凝土的开裂、压碎和钢筋的屈服等材料非线性问题。弹性阶段，弯矩和曲率是线性关系，其比值(刚度 EI)是常量。弹塑性阶段，EI 不再是常量，而是随着非线性进程的加大而不断减少，其大小除了与轴力和弯矩的大小有关，还与截面尺寸，混凝土强度，钢筋的强度、数量和布置等参数有关[1,2]。

在第 3 章，采用由应变求解内力的逆算方法来求解钢截面的弯矩-曲率关系，当求解量巨大时，这一解析方法极大地提高了计算机的运行效率。对于钢筋混凝土截面，我们能否也用类似的思路获得解析解?

相对于钢截面，钢筋混凝土截面是由钢和混凝土两种材料共同工作，除了钢筋的屈服，还要面临更多的材料非线性问题[3]。

目前，有两大类基本方法能够有效地解决这一问题：

(1)由内力(轴力-弯矩)来计算变形(应变-曲率)的正算方法[4~8]，如增量刚度法、切线刚度迭代法和有限单元法，这是一个数值的电算过程，存在迭代和收敛精度带来的误差，而且当截面材料进入塑性状态后，由已知内力求解变形与加载历史有关，需要逐步加载。

(2)由变形来计算内力的逆算方法[9,10]，这也是一个数值迭代过程，首先假定一个混凝土受压边缘纤维应变(ε_c)，逐级递增 ε_c，对每一个 ε_c 由数值逼近方法找到满足轴力平衡条件的受压区高度，得到一组内力和变形值，也就是曲线中的一个点，其中的内力计算常采用数值积分法(条带法)。

在截面承载力计算上，这两类方法通常采用的是基于纤维(或条带)模型的数值积分法，需要进行数值迭代，存在迭代和收敛精度带来的误差。当求解量巨大时，效率不高，使用不方便。因此，在非线性分析时，较多地采用各种简化的近似方法，其中常见的是弯矩-曲率的三折线模型[11]和双折线模型，最为简化和方便的是采用刚度的定值折减系数。

本章在传统逆算方法的基础上，结合钢截面的推导思路，提出了一种新的钢筋混凝土矩形截面弯矩-曲率关系计算的解析法，以解析方式分析和计算截面的轴力、弯矩、应变和曲率，获得它们之间的相互关系。该法无需迭代，推导了已知轴力时计算初始 ε_c 的解析公式（无需假定 ε_c），以及内力计算的解析式（无需采用条带法）。采用计算机编程，一次计算就能得到一条甚至全部曲线，可揭示在复杂因素情况下（内力间相互耦合和材料非线性）截面内力的变化规律。

4.2　可能的应变分布

逆算方法是以应变为自变量，首先要确定所有可能的应变分布。采用在应力图中绘制出应变区域的表示方法更为直观。不同于图 2.6 给出了极限状态可能的应变分布图，混凝土弯矩-曲率关系计算主要涉及任意应力状态，因为弯矩-曲率关系曲线中只有顶点是极限状态，其他点属于中间状态（没有达到极限承载力）。

如图 4.1 所示，由弯矩-曲率关系计算出的可能的应变分布，首先应位于承载能力的范围内，即不能超出图 2.6 中粗实线范围，并可以在粗实线范围内任意变化。根据混凝土合力计算的需要，我们将粗实线所涵盖的范围划分为 3 个区域，即区域(a)、(b)和(c)，并在应力图中将其表示出来，如图 4.1 所示。图中，以 EE' 的中点为坐标原点，横坐标为应变 ε，纵坐标为截面高度 y，EE' 的左边为受拉区，右边为受压区。

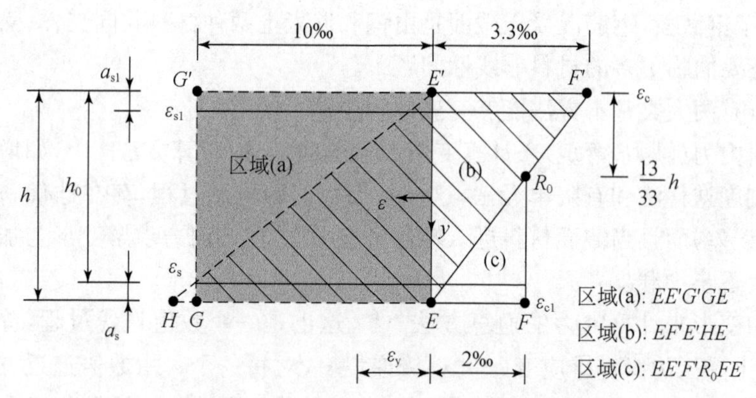

图 4.1　弯矩-曲率计算时可能的应变分布

按几何关系，沿截面高度方向的 5 个标志性位置的应变范围为：

(1)上边缘应变 ε_c 为 $10‰ \geqslant \varepsilon_c \geqslant -3.3‰$。

(2)下边缘应变 ε_{c1} 为 $0.01 + 0.01\dfrac{a_s}{h_0} \geqslant \varepsilon_{c1} \geqslant -2‰$。

(3)上部钢筋应变 ε_{s1} 为 $10‰ \geqslant \varepsilon_{s1} \geqslant -0.0033 + 0.0013\dfrac{a_{s1}}{h}$。

(4)下部钢筋应变 ε_s 为 $10‰ \geqslant \varepsilon_s \geqslant -0.002 - 0.0013\dfrac{a_s}{h}$。

(5)旋转点 R_0 位置应变 ε_r 为 $10‰ \geqslant \varepsilon_r \geqslant -0.002-0.0013\frac{a_s}{h}$。

基于混凝土抗力计算的需要划分了图 4.1 中 3 个可能的应变区域，区域(a)的混凝土抗力为 0，区域(b)的混凝土部分受压，区域(c)的混凝土全截面受压。这 3 个区域的应变和受力情况如下：

(1)区域(a)。$\varepsilon_c > 0, \varepsilon_{c1} > 0$，对应图 2.4(a)的 $k_x < 0$，属于拉弯情况，轴心或小偏心受拉。

(2)区域(b)。$\varepsilon_c \leqslant 0, \varepsilon_{c1} > 0$，对应图 2.4(b)的 $0 \leqslant k_x \leqslant 1$，属于拉弯或压弯情况，可能是大偏心受拉、纯弯或大偏心受压。

(3)区域(c)。$\varepsilon_c \leqslant 0, \varepsilon_{c1} \leqslant 0, \varepsilon_r \geqslant -2‰$，对应图 2.4(c)的 $k_x > 1$，属于压弯情况，可能是小偏心或轴心受压。

由图 4.1 中的几何关系可知，当 $\varepsilon_c = -3.3‰, \varepsilon_s = 10‰$ 时，曲率达到最大值 ϕ_{max}：

$$\begin{aligned}\phi_{max} &= \frac{\varepsilon_{su}-\varepsilon_{cu}}{h_0}h \\ &= 13.3\frac{h}{h_0}\end{aligned} \tag{4.1}$$

4.3　混凝土抗力的计算系数

混凝土抗力是计算中的难点，通常采用简化的等效矩形模型，本书不进行简化，采用的是完整的抛物线-矩形的混凝土应力-应变关系。为了获得混凝土抗力的解析表达式，引入 4 个计算系数：区域(b)的 α_c 和 k_a、区域(c)的 α_d 和 k_d，以确定混凝土应力的合力及其力臂。其中，α_c 和 k_a 由一个自变量(受压边缘应变 ε_c)即可确定，而 α_d 和 k_d 需由两个自变量(上、下两个边缘的应变 ε_c 和 ε_{c1})来确定。

4.3.1　区域(b)的计算

区域(b)是中性轴位于截面内，如图 2.4(b)所示，此时 $0 \leqslant k_x \leqslant 1$，截面处于部分受压、部分受拉状态。下面，按照 ε_c 是否大于 $-2‰$ 分为抛物线和抛物线-矩形两种应力分布情况，推导这一区域的抗力计算系数的公式。

1. 抛物线应力分布

按照混凝土本构关系式(2.2)中的第二式，当上边缘应变满足 $0 \geqslant \varepsilon_c \geqslant -2‰$ 时，混凝土的应力分布为抛物线分布。

如图 4.2 所示，混凝土受压区高度为 x_c，为了便于混凝土应力合力的计算，以中性轴为原点，构建 $O\bar{x}$ 局部坐标。这样，当 $\bar{x}=0$ 时，应变为 0；当 $\bar{x}=x_c$ 时，应变最大，为 ε_c。

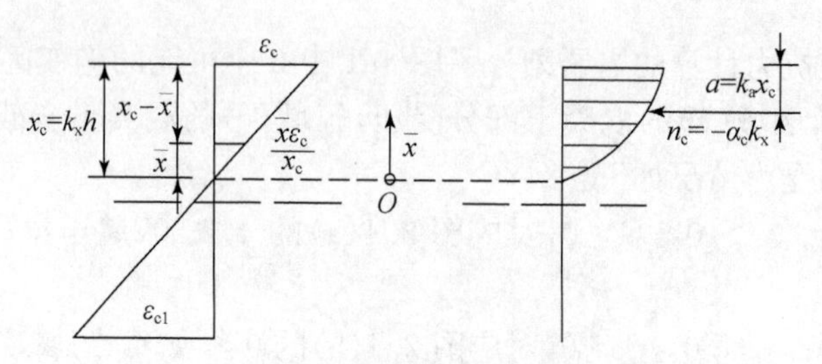

图 4.2　区域(b)抛物线分布的应力和应变

根据几何关系，对于任意一个 $\bar{x}$，应变为

$$\varepsilon=\frac{\varepsilon_c}{x_c}\bar{x} \tag{4.2}$$

由轴力和弯矩平衡条件，将图 4.2 中混凝土受压区的应力沿着局部坐标系在区间$[0,x_c]$上积分，可得到混凝土受压区合力 N_c。现引入一个计算系数 α_c来计算混凝土合力，假设

$$N_c=-\alpha_c b x_c f_c \tag{4.3}$$

并按照式(2.11)第一式，对轴力进行无量纲处理，得到混凝土无量纲合力为

$$\begin{aligned} n_c&=\frac{N_c}{bhf_c}\\ &=-\alpha_c k_x \end{aligned} \tag{4.4}$$

则由平衡关系，可得到计算系数 α_c与 ε_c之间的关系式：

$$\begin{aligned} \alpha_c&=\frac{N_c}{-k_x bhf_c}\\ &=\frac{b\int_0^{x_c}\sigma\mathrm{d}\bar{x}}{-bx_c f_{cd}}\\ &=\frac{1}{-x_c}\int_0^{x_c}\left[\left(\frac{\bar{x}}{x_c}\varepsilon_c\right)+\frac{1}{4}\left(\frac{\bar{x}}{x_c}\varepsilon_c\right)^2\right]\mathrm{d}\bar{x}\\ &=-\frac{(6+\varepsilon_c)\varepsilon_c}{12} \end{aligned} \tag{4.5}$$

同时，假设 n_c与截面上边缘的距离为 a，且

$$a=k_a x_c=k_a k_x h \tag{4.6}$$

则可推导出计算系数 k_a的计算式为

$$\begin{aligned} k_a&=\frac{a}{x_c}\\ &=\frac{b\int_0^{x_c}(x_c-\bar{x})\sigma\mathrm{d}\bar{x}}{-x_c\alpha_c bx_c f_{cd}} \end{aligned}$$

$$=\frac{\int_0^{x_c}(x_c-\bar{x})\left[\frac{\bar{x}\varepsilon_c}{x_c}+\frac{1}{4}\left(\frac{\bar{x}\varepsilon_c}{x_c}\right)^2\right]d\bar{x}}{-\alpha_c x_c{}^2}$$

$$=\frac{8+\varepsilon_c}{4(6+\varepsilon_c)} \tag{4.7}$$

2. 抛物线-矩形应力分布

当上边缘应变为$-2‰\geqslant\varepsilon_c\geqslant-3.3‰$时，混凝土应力分布为抛物线-矩形，如图 4.3 所示。

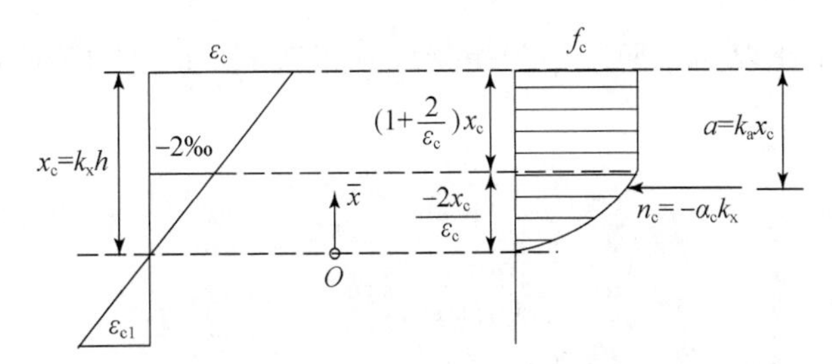

图 4.3　区域(b)抛物线-矩形的应力和应变

同理有

$$\alpha_c=\frac{1}{-x_c}\left\{\int_0^{-2\frac{x}{\varepsilon_c}}\left[\left(\frac{\bar{x}}{x_c}\varepsilon_c\right)+\frac{1}{4}\left(\frac{\bar{x}}{x_c}\varepsilon_c\right)^2\right]d\bar{x}-(1+\frac{2}{\varepsilon_c})x_c\right\}$$

$$=1+\frac{2}{3\varepsilon_c} \tag{4.8}$$

$$k_a=\frac{\int_0^{-\frac{2x_c}{\varepsilon_c}}(x_c-\bar{x})\left[\frac{\bar{x}\varepsilon_c}{x_c}+\frac{1}{4}\left(\frac{\bar{x}\varepsilon_c}{x_c}\right)^2\right]d\bar{x}-\frac{x_c^2}{2}\left(1+\frac{2}{\varepsilon_c}\right)^2}{-\alpha_c x_c^2}$$

$$=\frac{2+(4+3\varepsilon_c)\varepsilon_c}{2(2+3\varepsilon_c)\varepsilon_c} \tag{4.9}$$

4.3.2　区域(c)的计算

区域(c)是中性轴位于截面外，如图 2.4(c)所示，$k_x>1$，全截面处于受压状态。下面，同样按照两种应力分布，推导这一区域的抗力计算系数的公式。

1. 抛物线应力分布

采用应力面积减法，也就是力的分解原理，混凝土合力为两个抛物线应力面积相减，如图 4.4 所示。其中，n_{c1}为中性轴至截面上边缘混凝土压力合力，n_{c2}为中性轴至截面下边缘混凝土压力合力，a_1为n_{c1}至截面上边缘距离，a_2为n_{c2}至截面下边缘距离。

采用应力分解方式的优点是可以直接利用 4.3.1 节(中性轴位于截面内)的结

果，而无需再进行积分运算。

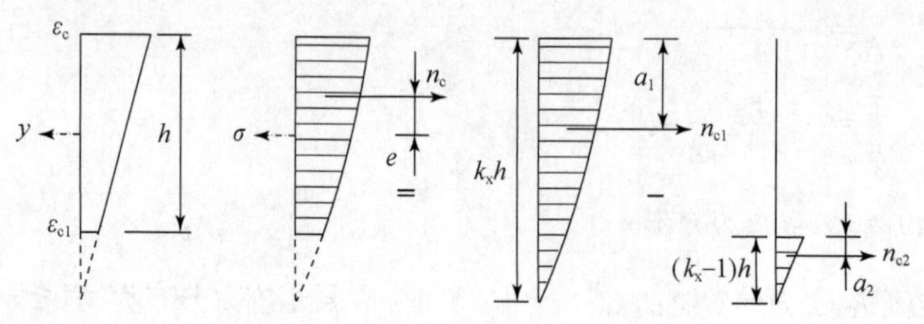

图 4.4　区域(c)抛物线的应力和应变

这样，混凝土压力 n_c是应力均为抛物线分布的 n_{c1}与 n_{c2}的差值，利用式(4.5)和式(4.7)，有

$$\begin{cases} n_{c1}=-\dfrac{(6+\varepsilon_c)\varepsilon_c}{12}k_x bhf_c \\ a_1=\dfrac{8+\varepsilon_c}{4(6+\varepsilon_c)}k_x h \end{cases} \tag{4.10}$$

$$\begin{cases} n_{c2}=-\dfrac{(6+\varepsilon_{1c})\varepsilon_{1c}}{12}(k_x-1)bhf_c \\ a_2=\dfrac{8+\varepsilon_{1c}}{4(6+\varepsilon_{1c})}(k_x-1)h \end{cases} \tag{4.11}$$

假设混凝土压力合力 N_c为

$$N_c=-\alpha_d bhf_c \tag{4.12}$$

则无量纲合力为

$$n_c=-\alpha_d$$

假设 n_c与形心轴之间的距离为 e，且

$$e=k_d h \tag{4.13}$$

根据平衡条件和式(4.11)，可推导出计算系数 α_d和 k_d的解析式为

$$\begin{cases} \alpha_d=\dfrac{n_c}{bhf_c} \\ \quad=\dfrac{n_{c1}-n_{c2}}{bhf_c} \\ \quad=\dfrac{\varepsilon_{c1}^3+6\varepsilon_{c1}^2-\varepsilon_c^3-6\varepsilon_c^2}{12(\varepsilon_c-\varepsilon_{c1})} \\ k_d=\dfrac{e}{h} \\ \quad=\dfrac{n_{c1}\left(0.5-\dfrac{a_1}{h}\right)+n_{c2}\left(0.5+\dfrac{a_2}{h}\right)}{n_{c1}-n_{c2}} \\ \quad=\dfrac{(\varepsilon_c-\varepsilon_{c1})^2(\varepsilon_c+\varepsilon_{c1}+4)}{4(\varepsilon_c^3+6\varepsilon_c^2-\varepsilon_{c1}^3-6\varepsilon_{c1}^2)} \end{cases} \tag{4.14}$$

2. 抛物线-矩形应力分布

采用应力面积减法，混凝土合力为一抛物线-矩形应力面积与另一抛物线应力面积相减，如图 4.5 所示。

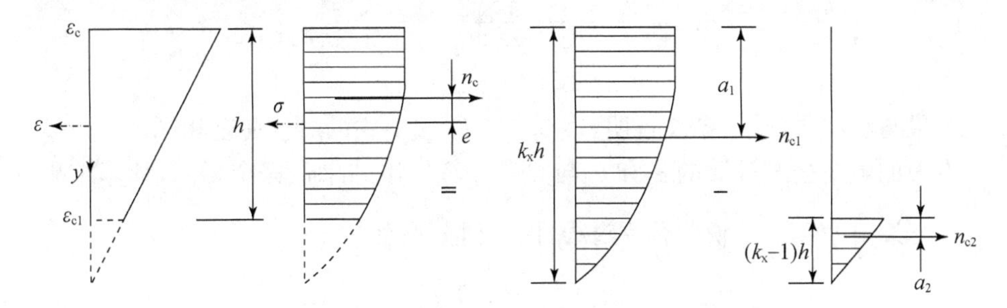

图 4.5　区域(c)抛物线-矩形的应力和应变

利用式(4.5)～式(4.9)，同理有

$$\begin{cases} n_{c1}=(1+\dfrac{2}{3\varepsilon_c})k_x bhf_c \\ a_1=\dfrac{2+(4+3\varepsilon_c)\varepsilon_c}{2(2+3\varepsilon_c)\varepsilon_c}k_x h \end{cases} \tag{4.15}$$

$$\begin{cases} n_{c2}=-\dfrac{(6+\varepsilon'_c)\varepsilon'_c}{12}(k_x-1)bhf_c \\ a_2=\dfrac{8+\varepsilon'_c}{4(6+\varepsilon'_c)}(k_x-1)h \end{cases} \tag{4.16}$$

$$\begin{cases} \alpha_d=1+\dfrac{(2+\varepsilon_{c1})^3}{12(\varepsilon_c-\varepsilon_{c1})} & (4.17a) \\ k_d=\dfrac{(2+\varepsilon_{c1})^3(2\varepsilon_c-\varepsilon_{c1}+2)}{4(\varepsilon_{c1}-\varepsilon_c)(8+6\varepsilon_{c1}^2+\varepsilon_{c1}^3+12\varepsilon_c)} & (4.17b) \end{cases}$$

4.3.3　与《欧洲规范 2》的结果对比

4.3.1 节和 4.3.2 节推导的 α_c、k_a、α_d和 k_d4 个系数的解析公式，不仅能计算任意应变所对应的内力，还能计算承载能力极限状态的内力。为了验证这些公式的正确性，与《欧洲规范 2 条文说明》[12] 给出的数值方法计算的承载能力极限状态的计算系数进行对比。

α_c和 k_a分别相当于《欧洲规范 2 条文说明》表 6.1 中的 β_1和 β_2，α_d和 $0.5-k_d$分别相当于《欧洲规范 2 条文说明》表 6.3 中的 β_3和 β_4。结果表明：两种计算方法结果完全相同。

首先，以《欧洲规范 2 条文说明》中的条件，按照本书的解析公式计算 α_c和 k_a，对于 C50 以下混凝土，当 $\varepsilon_c=-3.5‰$时，由式(4.8)计算有

$$\alpha_c = 1 - \frac{2}{3 \times 3.5}$$
$$= 0.80952$$

由式(4.9)计算有

$$k_a = \frac{2 - (4 - 3 \times 3.5) \times 3.5}{2 \times (2 - 3 \times 3.5) \times 3.5}$$
$$= 0.41597$$

结果与《欧洲规范 2 条文说明》表 6.1 中 β_1 和 β_2 中的数值完全相同。

本书的解析公式计算的 α_d 和 k_d 与数值计算方法结果也完全相同，计算结果见表 4.1。以 $\frac{x_c}{h} = 1.6$ 来说明计算过程，由几何关系有

$$\varepsilon_c = -\frac{2 \times 1.6}{\frac{4}{7} + 0.6}$$
$$= -2.7317‰$$
$$\varepsilon_{c1} = -\frac{2 \times 0.6}{\frac{4}{7} + 0.6}$$
$$= -1.02439‰$$

由式(4.17a)得

$$\alpha_d = 1 + \frac{(2 - 1.02439)^3}{12 \times (-2.7317 + 1.02439)}$$
$$= 0.5468$$

由式(4.17b)得

$$k_d = \frac{(2 - 1.02439)^3(-2 \times 2.7317 + 1.02439 + 2)}{4 \times (-1.02439 + 2.7317)(8 + 6 \times 1.02439^2 - 1.02439^3 - 12 \times 2.7317)}$$
$$= 0.01696$$

则

$$0.5 - k_d = 0.48304$$

表 4.1 与数值结果对比的混凝土计算系数

$\frac{x_c}{h}$	$f_{ck}=50\text{N/mm}^2$			
	β_3	α_d	β_4	$0.5-k_d$
1.0	0.80952	0.80952	0.41597	0.41597
1.2	0.89549	0.89549	0.45832	0.45832
1.4	0.93409	0.93409	0.47480	0.47480
1.6	0.95468	0.95468	0.48304	0.48304
1.8	0.96693	0.96693	0.48779	0.48779

续表

$\frac{x_c}{h}$	$f_{ck}=50N/mm^2$			
	β_3	α_d	β_4	$0.5-k_d$
2.0	097481	0.97481	0.49077	0.49077
2.5	0.98550	0.98550	0.49475	0.49475
5.0	0.99702	0.99702	0.49893	0.49893

4.4　截面内力计算的解析法

混凝土截面抗力包括混凝土压力、上部和下部钢筋的压力或拉力。如图 4.1 所示的 3 个可能的应变区域,截面内力有不同的表达式。

4.4.1　区域(a)的计算

区域(a)是受拉区,此时应变 $\varepsilon_c>0$,$\varepsilon_{c1}>0$。截面抗力完全由钢筋承担,由截面平衡条件并采用式(2.11)的无量纲形式,轴力和弯矩的计算式为

$$n=n_s+n_{s1}=\frac{\omega\sigma_s+\omega_1\sigma_{s1}}{f_y} \tag{4.18}$$

$$\begin{aligned}m&=n_s\left(\frac{h}{2}-a_s\right)-n_{s1}\left(\frac{h}{2}-a_{s1}\right)\\&=\frac{\omega\sigma_s}{f_y}\left(\frac{h}{2}-a_s\right)-\frac{\omega_1\sigma_{s1}}{f_y}\left(\frac{h}{2}-a_{s1}\right)\end{aligned} \tag{4.19}$$

4.4.2　区域(b)的计算

区域(b)的应变为 $\varepsilon_c\leqslant 0$,$\varepsilon_{c1}>0$,如图 4.6(a)所示,由截面平衡条件,可推导出轴力和弯矩的计算式为

$$\begin{cases}n=n_s+n_{s1}-n_c\\ \quad=\dfrac{\omega\sigma_s+\omega_1\sigma_{s1}}{f_y}-\alpha_c k_x\\ m=n_s(\dfrac{h}{2}-a_s)-n_{s1}(\dfrac{h}{2}-a_{s1})+n_c(\dfrac{h}{2}-k_a k_x)\\ \quad=\dfrac{\omega\sigma_s}{f_y}(\dfrac{h}{2}-a_s)-\dfrac{\omega_1\sigma_{s1}}{f_y}(\dfrac{h}{2}-a_{s1})+\alpha_c k_x(\dfrac{h}{2}-k_a k_x)\end{cases} \tag{4.20}$$

式中,n_s、σ_s和 ω 为下部钢筋的抗力、应力和强度配筋率;n_{s1}、σ_{s1}和 ε_1为上部钢筋的抗力、应力和强度配筋率。

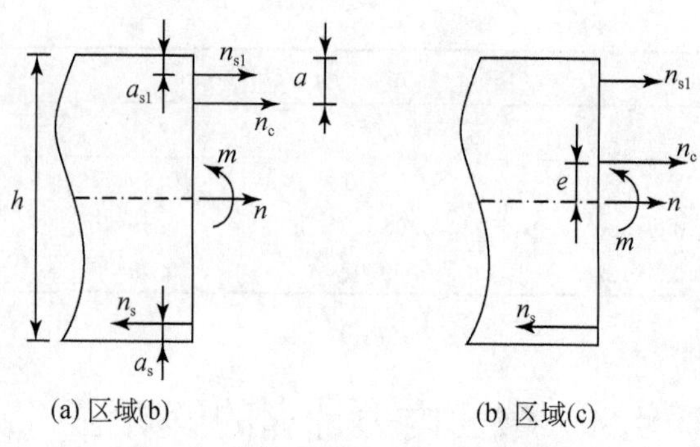

(a) 区域(b)　　(b) 区域(c)

图 4.6　混凝土截面内力的计算简图

4.4.3　区域(c)的计算

区域(c)的应变为 $\varepsilon_c \leqslant 0, \varepsilon_{c1} \leqslant 0, \varepsilon_r \geqslant -2‰$，如图 4.6(b)所示，同理有

$$\begin{cases} n = n_s + n_{s1} - n_c \\ \quad = \dfrac{\omega\sigma_s + \omega_1\sigma_{s1}}{f_y} - \alpha_d \\ m = n_s\left(\dfrac{h}{2} - a_s\right) - n_{s1}\left(\dfrac{h}{2} - a_{s1}\right) + n_c k_d \\ \quad = \dfrac{\omega\sigma_s}{f_y}\left(\dfrac{h}{2} - a_s\right) - \dfrac{\omega_1\sigma_{s1}}{f_y}\left(\dfrac{h}{2} - a_{s1}\right) + \alpha_d k_d \end{cases} \tag{4.21}$$

4.5　轴力不变的弯矩-曲率关系

4.5.1　轴力的取值范围

对于一个给定的截面，假设截面为对称配筋，即 $\omega = \omega_1$，$a_s = a_{s1}$，通过平衡条件，能够计算得到截面的极限承载力(截面强度)，当轴力达到极限值时，弯矩为 0，截面为轴心受压或轴心受拉状态(图 2.1)。

当为轴心受压状态且截面应变 $\varepsilon = -2‰$时，轴压力达到最大值 n_{cu}，此时需考虑钢筋屈服应变大于或小于 2‰的情况，由式(4.14)和式(4.21)可推导出极限轴心压力 n_{cu}计算的两个表达式：

$$n_{cu} = \begin{cases} -2\omega - 1, & \varepsilon_y \leqslant 2‰ \\ -4\dfrac{\omega}{\varepsilon_y} - 1, & \varepsilon_y > 2‰ \end{cases} \tag{4.22}$$

轴心受拉状态下，混凝土退出工作，当上、下部钢筋均受拉屈服时，轴拉力达到最大值 n_{tu}(极限轴心拉力)，此时，截面应变可为 10‰至 ε_y之间的任一数值，由式(4.19)可得轴拉力最大值的计算式为 $n_{tu}=2\omega$。则轴力的取值范围为 $n_{cu}\leqslant n_1\leqslant n_{tu}$。

4.5.2　轴心受力状态的应变计算

弯矩-曲率的逆算方法是通过逐级递增 ε_c 来实现的，现有的方法是人为假定一个初始 ε_c（如 $\varepsilon_c=0.1‰$），没有考虑轴力的影响。

通过对弯矩-曲率关系曲线分析，不难发现，无论给定轴力的数值是多少，所有的曲线都是从原点开始的，即 $m=0,\phi=0$，显然曲线初始状态是轴心受压或轴心受拉，这样，ε_c 初始值问题就成为给定轴力 n 时求解轴心受压或受拉应变的问题，即 ε_c 的初始值可以计算得到，而无需人为假定。假设 ε_c 初始值的符号为 ε_1，由平衡条件来推导 ε_c 初始值的解析表达式。

引入一个中间参数 n_{cy}，n_{cy} 是轴压应变 $\varepsilon_1=-\varepsilon_y$ 时的截面轴力值。n_{cy} 的计算也需要考虑 ε_y 与 2‰之间关系：

$$n_{cy}=\begin{cases}-2\omega-\varepsilon_y+0.25\varepsilon_y^2, & \varepsilon_y\leqslant 2‰\\ n_{cu}, & \varepsilon_y>2‰\end{cases}\tag{4.23}$$

假设轴力 $n=n_1$（n_1 为常数），比较 n_1 与 n_{cy} 之间关系，可判断钢筋屈服情况，进而得到应变为 ε_1 时的轴力计算表达式：

$$n_1=\begin{cases}\dfrac{2\omega\varepsilon_1}{\varepsilon_y}, & n_1>0\\ \dfrac{2\omega\varepsilon_1}{\varepsilon_y}+\varepsilon_1+0.25\varepsilon_1^2, & n_{cy}<n_1\leqslant 0\\ -2\omega+\varepsilon_1+0.25\varepsilon_1^2, & n_1\leqslant n_{cy}\end{cases}\tag{4.24}$$

求解式(4.24)，得

$$\varepsilon_1=\begin{cases}\dfrac{n_1\varepsilon_y}{2\omega}, & n_1>0\\ 2\sqrt{\left(2\dfrac{\omega}{\varepsilon_y}+1\right)^2+n_1}-4\dfrac{\omega}{\varepsilon_y}-2, & n_{cy}<n_1\leqslant 0\\ -2\sqrt{2\omega+1+n_1}-2, & n_1\leqslant n_{cy}\end{cases}\tag{4.25}$$

当轴力和截面给定时，通过式(4.25)可以计算初始 ε_c，而无需人为假定，提高了逆算方法的效率。同时，采用无量纲形式后，式(4.25)也适用于其他类型的混凝土截面，如钢筋混凝土圆形截面。

4.5.3　弯矩-曲率关系的计算过程

(1)计算自变量 ε_c 和 ε_s。自变量 ε_c 和 ε_s 的初始状态均等于 ε_1（4.5.2 节），考查 ϕ 值为正的情况，ε_c 只能向应变负方向变化，从 ε_1 减小至 $-3.3‰$；欲使 $n=n_1$ 有解，

ε_s只能向应变正方向变化，从ε_1增大至10‰。由此可先确定ε_c的一组数值：ε_1、$\varepsilon_1-\Delta$、$\varepsilon_1-2\Delta\cdots$，其中$\Delta$为数据间隔，如取0.1‰。

(2)对于每一个ε_c对应的ε_s值，需要求解关于n_1与ε_c和ε_s的非线性方程[由式(4.14)～式(4.21)确定]，这个过程有各种成熟的计算机函数可利用。

(3)已知的ε_c和ε_s，根据平截面假设可知ϕ、ε_{c1}和ε_{s1}也为已知。因此，选取n_1为任意定值时，根据ε_c和ε_s所属的区域，套用相应的计算系数和公式，可得到一组m-ϕ值。

(4)将m-ϕ的一组值绘制成图形，就得到了一条$n=n_1$的弯矩-曲率曲线(图4.7)。

如图4.7所示，矩形混凝土截面的弯矩-曲率关系为一条从原点开始的单调递增的曲线，其切线斜率为截面抗弯刚度。每条曲线被C_r、Y点分成3段，每段几乎趋近于一直线，因而可用三折线来近似替代图4.7中的弯矩-曲率关系，即三折线模型。

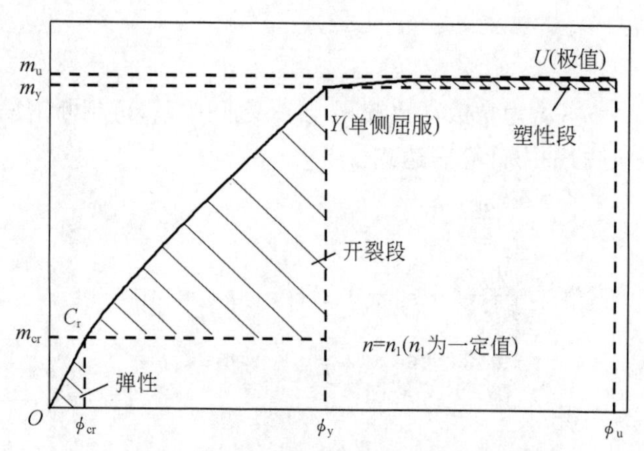

图4.7　钢筋混凝土矩形截面的弯矩-曲率关系曲线

图4.7中的C_r点为开裂点，即对受压是从全截面受压变化到截面下边缘混凝土受拉开裂的临界点(拉应变大于零)。Y点为单侧钢筋屈服点，由于内力间的相互耦合和材料非线性，Y点情况较为复杂，当n_1(压力)较小时，受拉边钢筋先屈服；当n_1(压力)较大时，受压边钢筋先屈服，ϕ_y为屈服曲率。U点为极值点，m_u和ϕ_u表示n_1为一定值时截面的极限承载弯矩和极限曲率。

无论是受拉边先屈服还是受压边先屈服，Y点基本上代表了截面极限承载力，虽然从Y点到U点还有微小的弯矩增量，但这一增量却需要有很大的曲率增量，再利用这一微小的弯矩增量已无多大意义，这是钢筋混凝土截面承载力的一个典型特点，即一旦有一边钢筋(受拉或受压边)出现屈服，便意味着弯矩承载力几乎耗尽。

4.6　轴力不变的弯矩-曲率关系

虽然有诸多因素(如轴力、配筋率、截面形状)影响钢筋混凝土截面延性大小，但其中轴力的影响是最为显著和变化多样的，下面通过具体的实例来说明这一影响。

取一钢筋混凝土矩形柱，设强度配筋率 $\omega=\omega_1=0.3$，$a_s=a_{s1}=0.1h$，$h_0=0.9h$，钢筋为 $f_y=360\text{N/mm}^2$(HRB400)，$E_s=2\times10^5\text{N/mm}^2$，$\varepsilon_y=1.8‰$。

由 4.5.1 节可知，无量纲轴力的变化范围为 $-1.6\leqslant n_1\leqslant 0.6$。

图 4.8(a)绘制了从极限拉力 $n_1=0.6$ 至极限压力 $n_1=-1.6$ 之间的 11 条曲线。反映了从拉到压各曲线族变化的全貌。在极限状态($n_1=0.6$、-1.6)时，m 和 ϕ 均为 0，曲线退化为原点；从 $n_1=0$ 开始，拉力递增的曲线在图中为顺时针变化至原点，压力递增的曲线在图中为逆时针变化至原点。

图 4.8 反映了轴力水平不同的三类曲线族：

第一类是纵向拉力的 m-ϕ 曲线，见图 4.8(a)中 $n_1=0.1\sim0.5$ 的 5 条曲线，此时截面主要由钢筋工作，弯矩-曲率关系与钢截面的很相似，弯矩为零时，截面全由钢筋受力，曲线族有相同的起始斜率(弹性刚度)，随着弯矩的增加，出现受压区，部分混凝土参与工作，截面的刚度也有所增加。总体上看，截面具有较大的极限曲率(U 点)，屈服曲率(Y 点)与 U 点之间有较长的塑性段(延性较好)。

第二类是小纵向压力的 m-ϕ 曲线，见图 4.8(b)中 $n_1=-0.4\sim-0.1$ 的 4 条曲线。曲线族在开裂前有相同的初始刚度，随着弯矩的增加，Y 点前的刚度也略有增大，斜率大于第一类曲线。

第三类是大纵向压力的 m-ϕ 曲线，见图 4.8(c)中 $n_1=-1.6\sim-0.5$ 的 6 条曲线，这些曲线没有重叠部分，随着轴压力增大，弯矩承载力 m_u 显著降低，Y 点前的刚度也有略有减小。

三类曲线的异同从图 4.8(a)～(c)中一目了然：

(1)通常情况下，轴力的存在是不利的，轴力使截面较早地进入塑性阶段，轴压力(拉力)越大，弯矩承载能力越低。然而如图 4.8(b)所示的小纵向压力情况，轴力的存在是有利的，随着轴压力的增加，弯矩承载力略有提高。

(2)无论是受压还是受拉，轴力均使曲率(变形能力)减小，且受压时的轴力作用更为明显。另外，轴力越大，曲率越小；轴力越小，曲率越大。

(3)塑性段反映了截面塑性发展能力，第一类和第二类均有较大的塑性段和较小的斜率，表明这两种情况下尽管截面曲率(变形能力)有较大的增长，但带来的弯矩(承载能力)的增加却极为有限；而第三类曲线水平段整体大幅度缩短，表明在大纵向压力作用下截面延性显著变差，大纵向压力塑性段也不再接近水平，有一定的斜率。

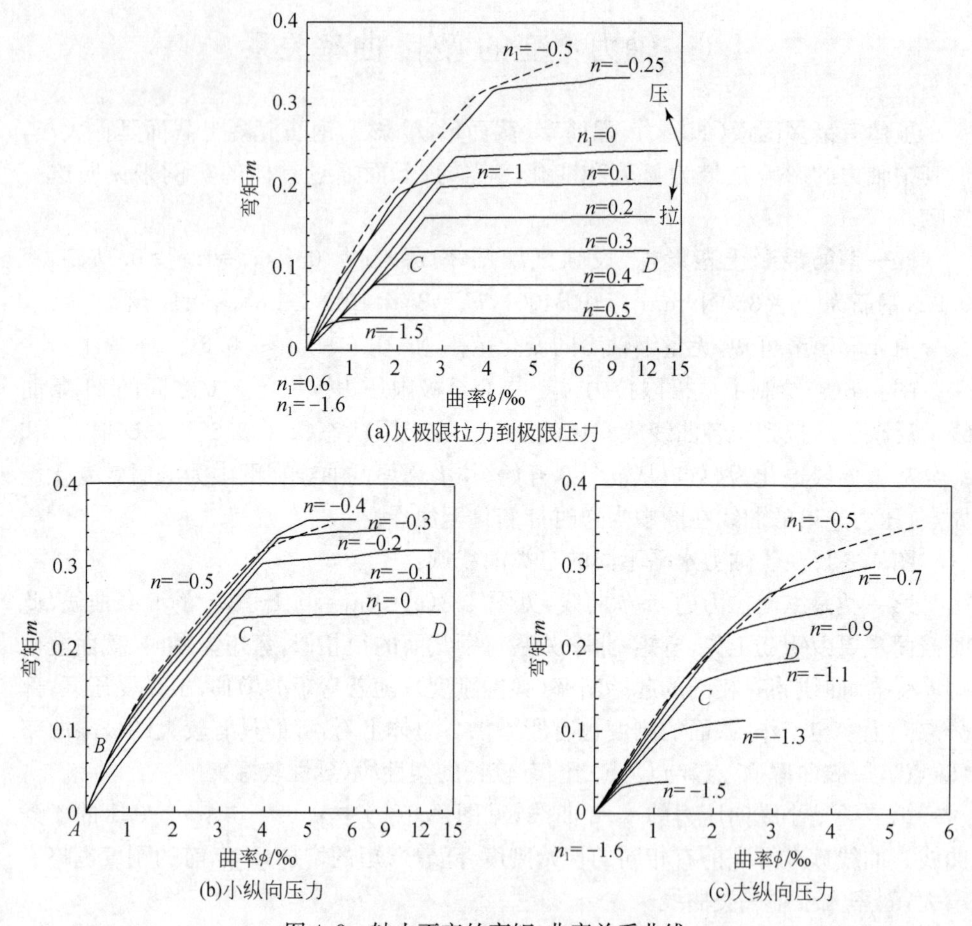

图 4.8　轴力不变的弯矩-曲率关系曲线

4.7　延性系数的计算

弯矩-曲率曲线在单侧屈服点后虽然没有多少强度储备，但却有很大的变形能力储备，这一储备的大小可用曲率延性系数 μ_ϕ 来衡量，即用极限曲率与屈服曲率比值来衡量：

$$\mu_\phi=\frac{\phi_u}{\phi_y} \tag{4.26}$$

截面的延性系数反映构件的延性性能和塑性弯曲能力。如果截面具有很高的延性，则破坏前的构件曲率很大。

采用前述方法可得到开裂、屈服和极限状态值，进而计算 μ_ϕ，结果如表 4.2 所示。这些变量值还可用于估计塑性铰的转动能力，并用于抗震设计。

从表 4.2 可以看出：当 $n_1>0$ 时，截面主要由钢筋工作，具有较大的延性系数，且与 n_1 值成正比；当 $n_1<0$ 时，延性系数均远比 $n_1>0$ 时的小，随着压力的增加，延性系数(相对值)有减有增，但其变化幅度不大。从图 4.8(c)可见，随着轴压力的增加，极限弯矩和曲率锐减，说明轴压力对混凝土截面变形能力影响是非常大的。

表 4.2　混凝土截面的延性性能

n_1	开裂状态(C_r点)		单侧屈服状态(Y 点)			极限状态(U 点)		延性系数 μ_ϕ
	ϕ_{cr}	m_{cr}	钢筋屈服	ϕ_y	m_y	ϕ_u	m_u	
0.50	—	—	下部受拉	0.76	0.04	10.95	0.04	14.4
0.25	1.5	0.08	下部受拉	2.43	0.14	12.43	0.14	5.12
0	0	0	下部受拉	3.28	0.24	13.79	0.24	4.20
−0.25	0.4	0.05	下部受拉	4.12	0.32	10.5	0.33	2.55
−0.50	0.8	0.10	上部受压	3.77	0.31	5.52	0.35	1.46
−0.75	1.4	0.15	上部受压	2.74	0.26	4.54	0.29	1.66
−1.00	2.0	0.19	上部受压	2.00	0.19	3.72	0.22	1.84
−1.25	—	—	上部受压	1.34	0.11	2.80	0.13	2.09
−1.50	—	—	上部受压	0.46	0.03	1.24	0.04	2.70

注：当 $n_1>0$ 时，C_r点是由全截面受拉开裂到截面上边缘混凝土受压不开裂的临界状态，为方便与受压情况比较，也称之为开裂点。

4.8　曲率不变的轴力-弯矩关系

采用与 4.5 节相同的假设条件。由式(4.1)得 $\phi_{max}=14.78$。选择 ϕ 从 $0\sim\phi_{max}$ 间若干个公差为 0.25 等值间隔的曲率值，假设 ε_c 为已知($10‰\geqslant\varepsilon_c\geqslant-3.3‰$)，则 ε_{c1}、ε_s 和 ε_{s1} 也为已知。由式(4.1)～式(4.25)可若干条曲率不变的 ϕ-n-m 曲线族，如图 4.9 所示。

如图 4.9 中 $\phi=1‰$ 曲线所示，曲率不变的 n-m 曲线反映了完整的三个应变区域：

(1) 区域(a)(O_1 至 Q)，仅钢筋承担内力，其中，O_1 点处上、下钢筋均受拉屈服，即 $\varepsilon_s\geqslant\varepsilon_y$，$\varepsilon_{s1}\geqslant\varepsilon_y$；$O_1P$ 段，仅下部钢筋受拉屈服，即 $\varepsilon_s\geqslant\varepsilon_y$，$\varepsilon_{s1}<\varepsilon_y$，弯矩和轴力线性相关；$PQ$ 段，上下钢筋均未屈服，即 $-\varepsilon_y<\varepsilon_s<\varepsilon_y$，$-\varepsilon_y<\varepsilon_{s1}<\varepsilon_y$，垂线表明弯矩和轴力线性无关。

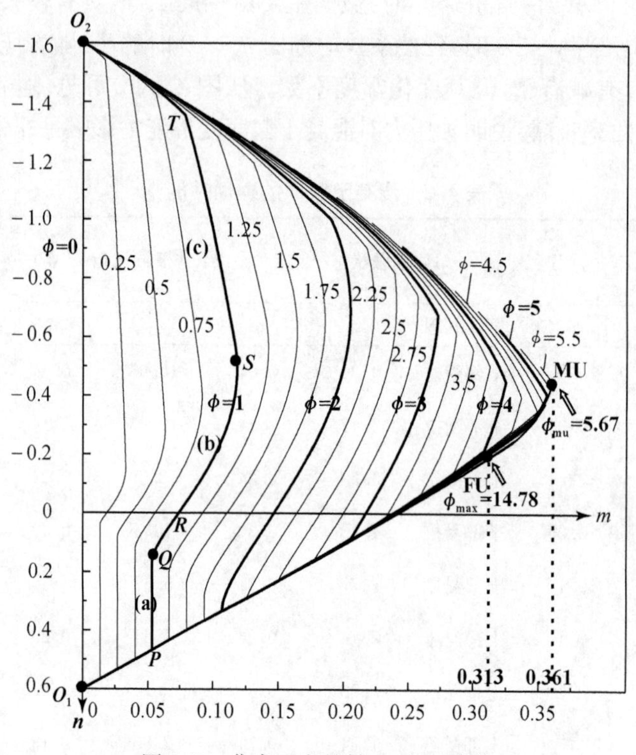

图 4.9　曲率不变的轴力-弯矩曲线

(2)区域(b)(Q至S),混凝土开始工作,弯矩和轴力为非线性关系,钢筋均未屈服,$-\varepsilon_y < \varepsilon_s < \varepsilon_y$,$-\varepsilon_y < \varepsilon_{s1} < \varepsilon_y$。此时,截面轴力可能为拉力,也可能为压力,其中$R$点轴力为0。

(3)区域(c)(S至O_2),曲率较小时,弯矩和轴力也呈线性相关,其中从T点开始,上部钢筋受压屈服,$\varepsilon_s > -\varepsilon_y$,$\varepsilon_{s1} \leqslant -\varepsilon_y$;$U$点上、下部钢筋均受压屈服,$\varepsilon_s \leqslant -\varepsilon_y$,$\varepsilon_{s1} \leqslant -\varepsilon_y$。

图4.9反映了如下几点规律:

(1)整个图形呈左疏右密的形态,图形的外轮廓线即为截面承载能力的n-m极限曲线,每点的曲率值并不是都相同,尤其是对于右上半部分,其中,M_U点为弯矩极值点,即大小偏心受压临界点,曲率为《混凝土规范》中的极限值ϕ_{mu}(混凝土$\varepsilon_c = \varepsilon_{cu} = -3.3‰$,钢筋$\varepsilon_s = \varepsilon_y = 1.8‰$),此时$\phi_{mu} = 5.67‰$,$m_u = 0.361$,$n = -0.46$。

(2)当$\phi = 0$时,$m = 0$,曲线为直线,即$0.6 \geqslant n \geqslant -1.6$的纵轴。随着$\phi$值增大,曲线区域在逐渐减少,曲率增加使曲线不断向受拉区退进,当曲率达到最大值$\phi_{max} = 14.78‰$(混凝土$\varepsilon_c = -3.3‰$,钢筋$\varepsilon_s = \varepsilon_{su} = 10‰$)时,$m = 0.313$,$n = -0.18$。

(3)当 $\phi \leqslant 3$ 时,曲线族等间距变化,说明曲率较小时,n-m 为部分线性关系;曲率较大时,n-m 为非线性关系。当 $\phi \geqslant \phi_{mu}$时,曲线族的间距骤减,几乎重叠在一起,形成一条中粗边细的狭长阴影带,说明 $\phi = \phi_{mu}$时,曲率对应的 m-n 已接近极限值,尽管理论上曲率可以达到 ϕ_{max},但曲率的继续增加并未再带来弯矩和轴力承载力的进一步增加,反而略有降低,换言之,对于混凝土截面,采用《混凝土规范》中的曲率 ϕ_{mu}作为最大值,也能满足计算精度的要求。

4.9　线性曲率变化的轴力-弯矩关系

利用截面上下边缘应变的等间距变化可计算得到图 4.10 中的 n-m 纵横相交的曲线簇,每一个网格节点不仅有一对确定的 n-m 值,还有与之相应的 ϕ 值。

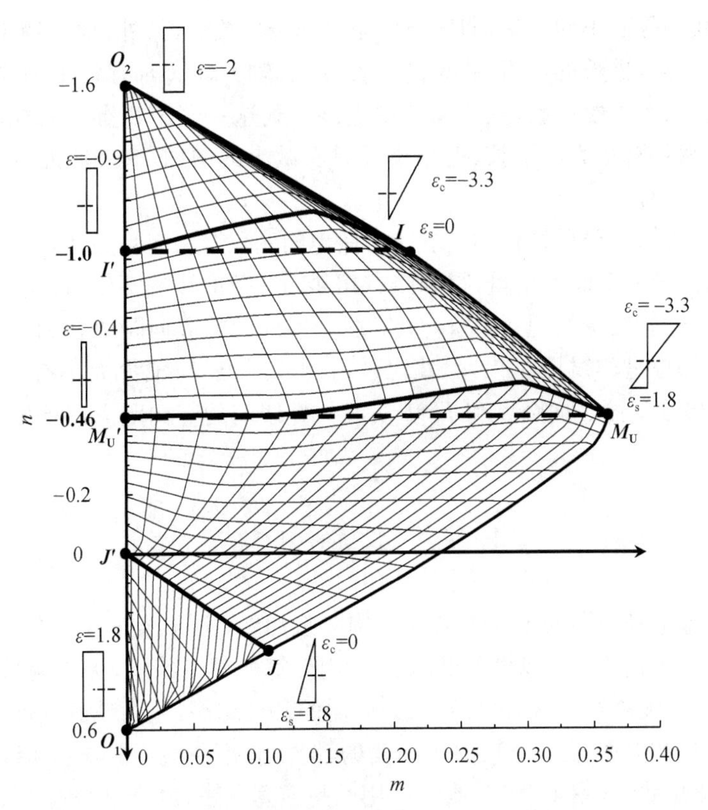

图 4.10　线性曲率变化的轴力-弯矩曲线

计算时,选取 8 个极限应变点为控制点(O_2、I、I'、M_U、M_U'、J、J'和 O_1点),8 个点应变如图 4.10 所示,其中,横向的控制点 $I-I'$、M_U-M_U'、$J-J'$间的应变分别按等间距变化(等增量的变化),这些横向的控制点也构成了纵向(竖向)四个区域的内分界线，每个纵向区域间的应变（如 $I-M_U$、$I'-M_U'$间的应变）也是等间距变化的，由于等间距的截面上、下边缘应变为线性变化，因此曲率也为线性变化，这样曲率在横向和纵向都呈线性变化，在纵坐标上曲率处处为零，向右曲率呈线性增长。在纵向 O_2和 O_1点处曲率为零，从该两点分别向下和向上至 M_U 点水平线呈线性增长，换言之，每条纵向曲线间有相同的曲率增量，每条横向曲线间也有相同的曲率增量。

图 4.10 反映了如下几点规律：

(1)每条纵向曲线上各点的曲率都不相同，他们沿纵向是线性变化的，但线性变化的曲率并非完全带来线性变化的轴力，曲率较小时，纵向曲线大致呈直线，即曲率与轴力呈线性关系，曲率较大时，纵向曲线呈曲线，曲率与轴力呈非线性关系。

(2)曲率较小时，纵向曲线间隔均匀，表明曲率与弯矩大致呈线性关系，曲率大时，纵向曲线间隔变小和密集，曲率与弯矩呈非线性关系，另外，轴力较小时有更多的均匀间隔，即有更长的弯矩-曲率的线性关系；轴力较大时有较少的均匀间隔和较短的弯矩-曲率线性关系，在图 4.8 中也能看到这一受力特点。另外，在纵向曲线密集区曲率仍有很大的增长，但弯矩却只有微小的增加，这表明曲率不大时，弯矩已接近极限值。

(3)众所周知，当材料出现非线性时，曲率的变化会引起轴力和弯矩的变化，若给任一纵向曲线一个曲率增量（得到向右相邻的一条曲线），不仅弯矩有一增量，轴力也有一增量，轴力的增量可从 $I-I'$实线与虚线间的竖向距离看到，且这些增量随曲率的增加也呈非线性变化，除此之外，这些增量还与轴力大小有关，用 M_U-M_U'实线与虚线间的竖向距离和 $I-I'$实线与虚线间的竖向距离进行比较，就可证实这一点。

4.10　本章小结

本章完整地利用混凝土和钢筋的本构关系曲线，推导出任意应变状态的应力和内力的解析表达式。将这些解析表达式用计算机语言编程，无需用数值方法对截面进行条分，无需迭代，便可计算得到所需的各种结果，包括截面延性系数、轴力不变时的弯矩和曲率（图 4.8）、曲率不变的轴力-弯矩曲线（图 4.9）和线性曲率变化的轴力-弯矩曲线（图 4.10）。本章采用的是逆算方法，由给定的应变计算应力和内力，没有迭代和收敛精度带来的误差。

计算结果表明：

(1)对于压弯或拉弯构件，一旦有一侧钢筋出现屈服，截面的弯矩承载力已经没有多少增长空间，这体现在弯矩-曲率曲线在 Y 点后接近水平[图 4.7 和图 4.8(a)、(b)]。

(2)轴力对弯矩承载力有很大影响:轴向拉力会使截面弯矩承载力降低,而轴向压力的影响却有两种情况,压力小时,弯矩小幅增长[图 4.8(b)];压力大时,弯矩大幅下降[图 4.8(c)]。

(3)轴力对曲率同样也有很大影响:轴向拉力增加,延性系数(相对值)也增大,但极限曲率(绝对值)变化不大;轴向压力增加,延性系数有减有增,但极限曲率却大幅度减小。这也是抗震设计时要限制轴压比的原因所在。在大轴压比作用下,截面延性显著变差(图 4.8)。曲率越大,轴力-弯矩值越接近截面的极限承载力(图 4.9)。

(4)理论上,曲率可以达到 ϕ_{max}(混凝土 $\varepsilon_{cu}=-3.3‰$,钢筋 $\varepsilon_s=10‰$),但采用《混凝土规范》中的曲率极限值 ϕ_{mu}($\varepsilon_{cu}=-3.3‰$,$\varepsilon_s=\varepsilon_y$)也能满足 m-n 值计算精度要求,因为 ϕ_{mu}的继续增加并未再带来弯矩和轴力承载力的进一步增加,反而使其略有降低,表明 $\phi=\phi_{mu}$对应的 m-n 已接近极限值(图 4.9)。

(5)在材料弹性阶段,线性曲率增量变化带来了线性的 m-n 增量变化;当材料出现非线性时,m-n 增量随曲率的增加也呈非线性变化,这些增量还与轴力大小有关,在轴拉力(压力)较大时,m-n 增量锐减,压力大时表现得更为明显(图 4.10)。

参 考 文 献

[1] 莱昂哈特 F,门希 E. 钢筋混凝土结构设计原理[M]. 程积高等译. 北京:人民交通出版社,1991.

[2] 陈惠发,Atsuta T. 梁柱分析与设计(第一卷:平面问题特性及设计)[M]. 周绥平译. 北京:人民交通出版社,1997.

[3] 朱伯龙,董振祥. 钢筋混凝土非线性分析[M]. 上海:同济大学出版社,1985.

[4] Quast U. Geeignete Vereinfachungen für die Lösung des Traglastproblems der ausmittig gedrückten [D]. Braunschweig: Technischen Universität Carolo-Wilhelmina zu Braunschweig,1970.

[5] Elmetwally S E,Chen W F. Load-deformation relations for reinforced concrete sections[J]. ACI Structural Journal,1989,86(2):163—167.

[6] 江见鲸,陆新征. 混凝土结构有限元分析[M]. 北京:清华大学,2005.

[7] Owen D R J,Hinton E. Finite Elements in Plasticity: Theory and Practice[M]. Swansea: Pineridge Press limited,1980.

[8] 崔世杰,张清杰. 应用塑性力学[M]. 郑州:河南科技出版社,1992.

[9] Park R,Pauley T. 钢筋混凝土结构[M]. 秦文钺译. 重庆:重庆大学出版社,1985.

[10] Chen X,Zhou D H,Wang P,et al. New procedure for determining the moment-curvature relationship of reinforced concrete section[J]. Magazine of Concrete Research,2015,67(3): 121—132.

[11] 周基岳,刘南科. 钢筋混凝土框架非线性分析中的截面弯矩-曲率关系[J]. 重庆建筑工程学院学报,1984,(7):20—35.

[12] European Concrete platform ASBL. Eurocode 12 Commentary[M]. Brussels: European Concrete platform ASBL,2008.

第 5 章　混凝土柱二阶弹塑性的改进 Newmark 法

5.1　概　述

本章采用精度高的数值方法来分析钢筋混凝土柱的二阶弹塑性性能。数值方法中主要采用的是将杆件沿长度方向分段的数值积分法，数值积分法有多种，主要有挠度曲线法和 Newmark 法两类。通过前述分析可知，Newmark 法仅需假设一次初始值，并且这个初始值可以任意假设，因此，相对于挠度曲线法，该方法具有更为有效和更快的收敛速度。

传统 Newmark 法的主要过程是：假设杆件的初始变形，由变形计算每一节点的弯矩，由真实的弯矩-曲率关系计算曲率，再对曲率积分二次得到新的变形，比较两次变形的偏差，重复这一过程，直至偏差满足精度的要求，则最后的变形就是杆件考虑几何和材料非线性之后的变形。这一过程是在弯矩-曲率关系计算过程中考虑材料非线性问题，在二阶挠度的逐次逼近过程中考虑几何非线性问题。

传统 Newmark 法在挠度计算中通常采用共轭梁法来完成，而共轭梁法需要假想，即转换成荷载集度求解弯矩，不仅步骤多，而且需将曲率分布简化为抛物线，存在某种程度的近似[1~3]。

为此，本章基于第 4 章弯矩-曲率关系的解析法，分析杆件挠度的基本微分方程，采用数值积分的梯形法，对传统 Newmark 法进行改进。

5.2　基本微分方程

在小挠度变形的假设下，杆件挠度的基本微分方程为

$$Y''=-\frac{M}{EI} \tag{5.1}$$

式(5.1)也可以改写为

$$M=-Y''EI=-\Phi EI \tag{5.2}$$

式(5.2)计算的弯矩是杆件的内部抵抗。

等偏心受力两端铰支柱的挠度计算简图如图 5.1 所示，取下部脱离体进行分析，支座反力为 0，故离支座任意 Z 距离的弯矩为

$$M=N(e_1+Y) \tag{5.3}$$

式(5.3)计算的弯矩是外部作用。

图 5.1 中的 θ 是挠度曲线的切线转角，它与挠度的关系为

$$\theta = Y' \tag{5.4}$$

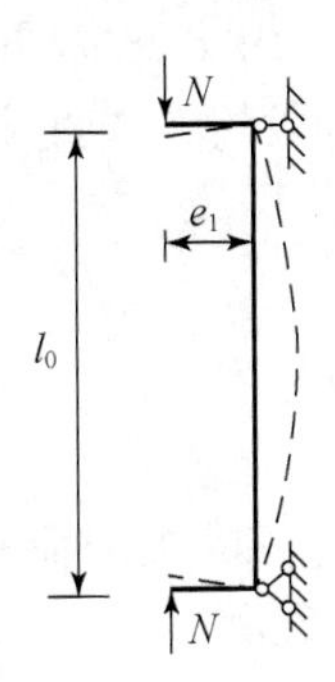

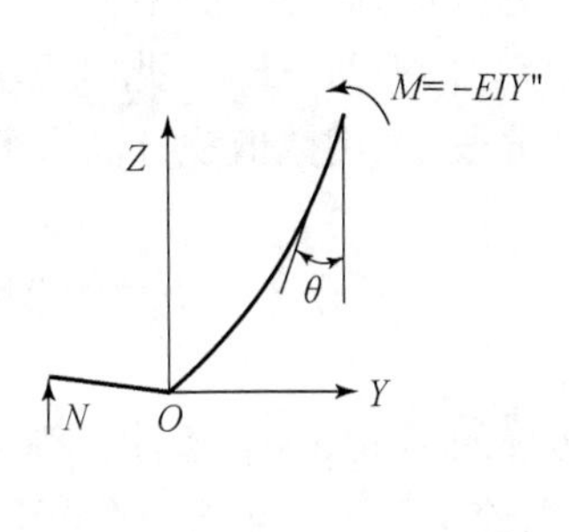

图 5.1　挠度计算简图

由平衡条件可知，杆件内部抵抗弯矩等于外部弯矩作用，联立式(5.2)和式(5.3)得

$$y'' + \frac{N}{EI}y + \frac{N}{EI}e_1 = 0 \tag{5.5}$$

当处于弹性阶段时，沿杆件长度方向任意 Z 坐标的抗弯刚度 EI 都相同，且为常量，则式(5.5)为二阶常系数非齐次线性微分方程。此时，采用微分方程求解的基本知识，便可得到该方程的解析解。

引入一个无量纲的参数 u 来综合反映柱的长度、轴力和抗弯刚度特征，这个系数也称为杆件的特征系数，计算式为

$$u = l_0\sqrt{\frac{N}{EI}} \tag{5.6}$$

这样式(5.5)可改写为

$$Y'' + \left(\frac{u}{l_0}\right)^2 Y + \left(\frac{u}{l_0}\right)^2 e_1 = 0 \tag{5.7}$$

边界条件为：$Z = 0, Y = 0; Z = l_0, Y = 0$。

代入边界条件可得式(5.7)的弹性解为

$$Y = e_1\left[\cos^{-1}\left(\frac{u}{2}\right)\cos\left(\frac{u}{2} - u\frac{Z}{l_0}\right) - 1\right] \tag{5.8}$$

当 $Z = 0.5l_0$ 时(柱子中点)，挠度和弯矩最大，二阶挠度为

$$Y = e_1\left[\sec\left(\frac{u}{2}\right) - 1\right] \tag{5.9}$$

跨中的总偏心距和总弯矩为

$$\begin{cases} e_{tot} = e_1\sec\left(\dfrac{u}{2}\right) \\ M_{tot} = Ne_1\sec\left(\dfrac{u}{2}\right) \end{cases} \tag{5.10}$$

式(5.10)又称为正割公式。

当处于弹塑性阶段时,情况就变得复杂了,抗弯刚度 EI 不再是常量,需要先对截面进行非线性分析得到弯矩-曲率关系,按照平衡条件由 $Z \rightarrow M$,再按照弯矩-曲率关系曲线的斜率由 $N\text{-}M \rightarrow EI$。此时无法按照弹性阶段的方法直接求解,若要精确求解需要将柱分段,采用数值积分法求解。

5.3 传统 Newmark 法

下面采用传统的 Newmark 法计算等偏心两端铰支柱的极限荷载。根据对称性,取等偏心两端铰支柱的一半进行分析,如图 5.2 所示。

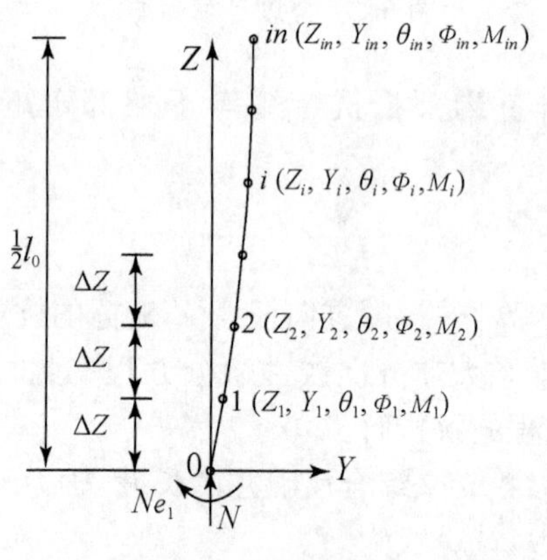

图 5.2 柱子的分段

当轴力和一阶偏心距($N\text{-}e_1$)已知时,柱子在初始弯矩 Ne_1 作用下将产生初始变形,轴力的存在使柱的弯曲进一步加大,当内部抗力等于弯矩作用时柱处于稳定平衡状态。采用 Newmark 法计算最终稳定平衡状态的挠度曲线的过程如下:

(1)分段。根据精度需要确定分段的间隔 ΔZ,以等间隔[①]将半跨柱分成 $in-1$ 段,从支座开始对节点编号,依次为:$0,1,2,\cdots,i,\cdots,in$。节点坐标 $Z_i=\Delta Z(i-1)$。每一个节点都对应一组变量,包括距离坐标 Z、挠度坐标 Y、切线转角 θ、曲率 Φ 和弯矩 M。

(2)假设初始挠度。以弹性公式的计算值为柱的初始挠度,将 Z_i 代入式(5.8),得到节点初始挠度的数组($Y_{11}, Y_{12}, \cdots, Y_{1i}, \cdots, Y_{1n}$)。

(3)计算节点弯矩。由平衡关系计算节点弯矩,即

$$M_i = Ne_1 + NY_{1i} \tag{5.11}$$

① Newmark 法也可以采用不等间隔分割。

得到节点弯矩的数组(M_1, M_2,…, M_i,…, M_n)。

(4)计算节点曲率。按照真实的弯矩-曲率关系来确定曲率,得到节点曲率的数组(Φ_1, Φ_2,…, Φ_i,…, Φ_n)。

(5)计算节点挠度。通常采用共轭梁法,将垂直的柱假设为水平的梁,每一柱段上虚设一小梁,将曲率假想为荷载集度作用于小梁上,通常假设荷载集度(曲率分布)为抛物线。由平衡条件计算小梁的支座反力(剪力),这个剪力就是柱的转角。以这个剪力为集中荷载作用在每一个节点上,最后计算柱的弯矩,这个弯矩就是柱的挠度,得到节点挠度的数组(Y_1, Y_2,…, Y_i,…, Y_{in})。

(6)确定节点的最终挠度。根据精度需要确定挠度误差 dδ,比较两个数组(Y_1, Y_2,…, Y_i,…, Y_{in})和 (Y_{11}, Y_{12},…, Y_{1i},…, Y_{1in})的差是否满足 dδ,若不满足,以(Y_1, Y_2,…, Y_i,…, Y_{in})作为初始挠度,重复上面的步骤,当两个挠度差满足 dδ 时,这个挠度就是节点的最终挠度。

采用 Newmark 法确定非弹性杆件的挠度曲线是尤为有效的,仅需在步骤(4)采用真实的弯矩-曲率关系就可实现非弹性的处理,还可用于变截面和有初始缺陷的杆件。此外,Cranston 将 Newmark 法进行修正后还能用于双向弯曲的柱子。

5.4　数值积分的梯形法

考查 Newmark 法中的步骤(5),即由曲率 Φ 计算挠度 Y 的过程,在小挠度假设下,曲率 Φ 等于挠度的二阶导数 Y'',这一步骤实际上就是 $Y''\rightarrow Y$。若存在挠度的解析式,这个过程可以直接积分求解,但由于钢筋混凝土的材料非线性不能直接求积,这个过程通常通过上述的共轭梁法来完成,而共轭梁法需要假想转换成荷载集度求解弯矩的过程,存在某种程度的近似。那么,是否有其他的方法能够解决这个二次积分问题呢?

这是一个给定数据求积分的问题(已知节点曲率的数值),下面引入数值方法来完成这个步骤。当被积函数 $f(X)$理论上不可积时,可以采用求解定积分的数值分析方法,这些方法有很多,如梯形法、Simpson 法和 Romberg 法等。如图 5.3 所示,这些方法的基本思路是将积分区间$[a_1, a_2]$分割为若干个子区间$[X_i, X_{i+1}]$, $i=1,2,\cdots,in$, $X_1=a_1$, $X_{in+1}=a_2$,这样,这个定积分求解问题就变为下面的求和形式:

$$\begin{aligned}\int_{a_1}^{a_2} f(X)\mathrm{d}X &= \sum_{i=1}^{in}\int_{X_i}^{X_{i+1}} f(X)\mathrm{d}X \\ &= \sum_{i=1}^{in}\Delta f_i \end{aligned} \tag{5.12}$$

本书采用最简单的梯形法,梯形法可用于已知数据样本点的数值积分问题求

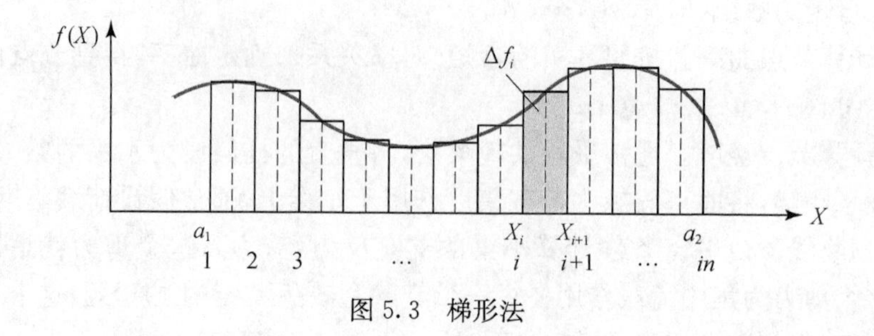

图 5.3　梯形法

解，它是式(5.12)中确定子区间值 Δf_i 时采用梯形近似的方法，如图 5.3 所示。

Δf_i 为子区间间隔乘以子区间中点的函数值，即

$$\Delta f_i=(X_{i+1}-X_i)f\left(\frac{X_i+X_{i+1}}{2}\right) \tag{5.13}$$

很多软件均提供了这些数值积分函数，因此，采用这些方法使用起来非常方便，例如，MATLAB 软件的 trapz 函数是梯形法的数值积分函数，当子区间间隔划分足够小时，这一方法具有较高的精度。

对于 Newmark 法积分中的 $Y''\rightarrow Y$ 过程，代入相应的边界条件，调用两次梯形法函数就可以实现。

5.5　改进 Newmark 法

基于传统 Newmark 法，采用梯形法而不是共轭梁法来计算柱的最终挠度，采用第 4 章的解析法来计算弯矩-曲率关系，并对变量采用无量纲形式，利用计算结果可绘制出柱的挠度曲线、荷载-挠度曲线和轴力-弯矩相关曲线。

5.5.1　挠度的计算

1. 计算过程

将挠度曲线的计算过程称为循环①。

(1)对于每一个节点 i，坐标 Z 采用无量纲形式：

$$z=\frac{Z}{h}$$

计算式为

$$z_i=\frac{(i-1)l_0}{2(in-1)h} \tag{5.14}$$

对于柱中点，将 $i=in$ 代入式(5.14)，有

$$z_i=0.5\,\frac{l_0}{h}$$

(2)假设弹性公式的计算值为柱的初始挠度，将 z_i 代入，有

$$y_{1i}=\frac{e_1}{h}\left[\cos^{-1}\left(\frac{u}{2}\right)\cos\left(\frac{u}{2}-u\,\frac{z_i h}{l_0}\right)-1\right] \tag{5.15}$$

得到节点初始挠度 y_{1i}。其中，挠度 y 是 Y 的无量纲形式：

$$y=\frac{Y}{h}$$

(3)由平衡关系计算节点无量纲弯矩 m_i：

$$m_i=n\,\frac{e_1}{h}+ny_{1i} \tag{5.16}$$

(4)由第 4 章的解析法确定n不变的弯矩-曲率关系，计算每一节点的无量纲曲率 ϕ_i。采用解析法的优点是使这个运算次数最多的过程可以直接求解，而无需迭代，减少了一个循环过程。

(5)计算节点挠度。

计算每一节点的转角 θ_i，由微分方程式(5.2)和式(5.4)得

$$\phi=y''=\theta'=\frac{\mathrm{d}\theta}{\mathrm{d}z}$$

$$\Rightarrow\theta=\int_0^z\phi\mathrm{d}z+C_1 \tag{5.17}$$

由于坐标 z_i转角的积分区间为[0，z_i]，又可根据边界条件中点的转角为 0 来确定积分常数 C_1，则 θ_i的计算式为

$$\begin{aligned}\theta_i&=\int_0^{z_i}\phi_i\,\mathrm{d}z+C_1\\ C_1&=-\int_0^{\frac{0.5l_0}{h}}\phi_i\,\mathrm{d}z\end{aligned} \tag{5.18}$$

其中的定积分部分通过 5.4 节的梯形法来完成。

计算每一节点的挠度 y_i，同理有

$$\theta=y'=\frac{\mathrm{d}y}{\mathrm{d}z}$$

$$\Rightarrow y=\int_0^z\theta\mathrm{d}z+C_2 \tag{5.19}$$

由边界条件支座挠度为 0($z=0$，$y=0$)知 $C_2=0$，有

$$y_i=\int_0^z\theta(i)\,\mathrm{d}x \tag{5.20}$$

其中的定积分部分也是通过 5.4 节的梯形法来完成。

(6)第二遍计算。

将 y_i 作为 y_{1i}，重复上面的步骤，即弯矩 m→曲率 ϕ→转角 θ→挠度 y，计算所有节点中的最大挠度偏差值 $d\delta$：

$$d\delta = \max\{|y_{11}-y_1|,\cdots,|y_{12}-y_2|,\cdots,|y_{1in}-y_{in}|\} \tag{5.21}$$

重复上一步骤，当 $d\delta$ 满足精度要求停止计算，$(y_1, y_2,\cdots, y_i,\cdots, y_{in})$ 为各节点的最终挠度，则跨中总偏心距为

$$e_{\text{tot}} = e_1 + y_{in}h \tag{5.22}$$

2. 算例

对于某对称配筋的钢筋混凝土矩形柱，计算简图如图 5.4 所示。截面参数为：钢筋 $f_y=435\text{N/mm}^2$，$E_s=2\times10^5\text{N/mm}^2$，$\varepsilon_y=2.175‰$，$a_s=0.1h$，强度配筋率 $\omega=0.5$。

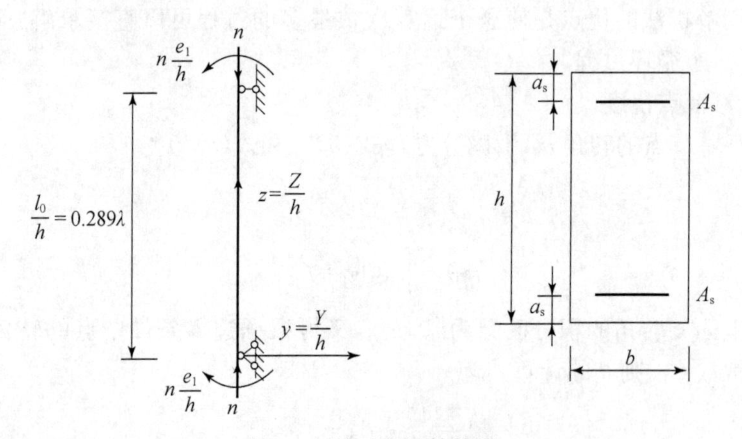

图 5.4　柱子的计算简图

已知初始偏心距 $e_1=0.3h$，考虑 4 种长细比：$\lambda=25,50,75,100$，以及 4 种轴压比：$n=-0.2,-0.4,-0.6,-0.8$。对于矩形截面惯性矩为 $12^{-0.5}h=0.289h$，故长细比和柱长度的换算关系如表 5.1 所示。

表 5.1　柱中点的二阶挠度值

λ	$\frac{l_0}{h}$	n			
		−0.2	−0.4	−0.6	−0.8
25	7.22	0.00272	0.00574	0.00919	0.01326
50	14.43	0.01118	0.02444	0.04075	0.06223
75	21.65	0.02645	0.06176	0.11358	—
100	28.87	0.05073	0.13439	0.32919	—

采用改进 Newmark 法，计算柱的二阶弹塑性的挠度曲线，编制计算机程序，将

计算结果绘制成 14 条曲线(图 5.5),其中,长细比为 75 和 100 的柱的极限承载力小于 0.8,故图 5.5(c)和(d)没有 $n=-0.8$ 时的曲线。挠度曲线中的中点二阶挠度是下一步计算荷载-挠度曲线所需要的,表 5.1 给出了这些数据。

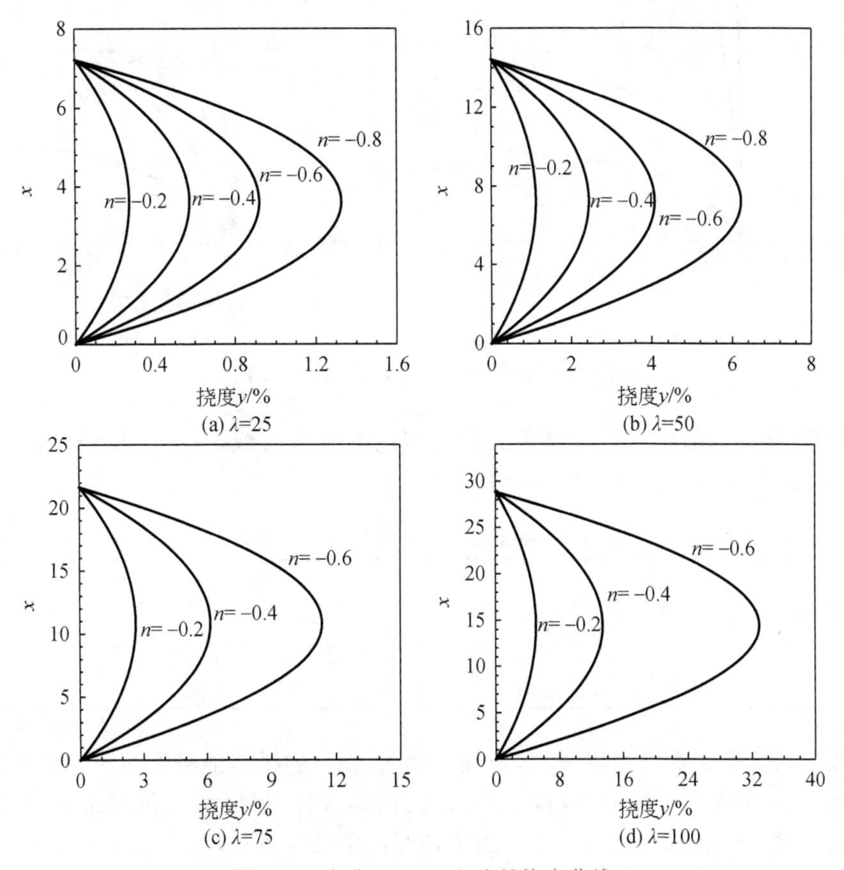

图 5.5　改进 Newmark 法的挠度曲线

从图 5.5 和表 5.1 可以看出,长细比和轴力都对柱子的挠度曲线影响显著。长细比越大,柱子越细长,二阶挠度越大;轴力越大,二阶挠度越大。此外,挠度曲线的形状接近于正弦曲线,因此两端铰接柱的挠度曲线可以近似为正弦曲线。

5.5.2　荷载-挠度关系

对于每一组 λ-e_1,按照 5.5.1 节挠度方法计算每一轴力作用下的跨中二阶挠度,这样就得到荷载-挠度曲线中的一个点,即表 5.1 中的一个数据为荷载-挠度曲线中的一个点。然后采用轴力增量加载的方法,根据精度需要确定轴力 n 的加载间隔(本书取 0.01),当荷载作用 $n(e_1h+y_{in})$大于截面承载力时停止计算,则前一级荷载为极限荷载,可得到一条荷载-挠度曲线。

考虑两种偏心距 $e_1=0.3h$，$0.6h$ 和 5 种长细比：$\lambda=25,50,75,100,150$，编制计算机程序，将计算结果绘制成 10 条挠度曲线，见图 5.6。

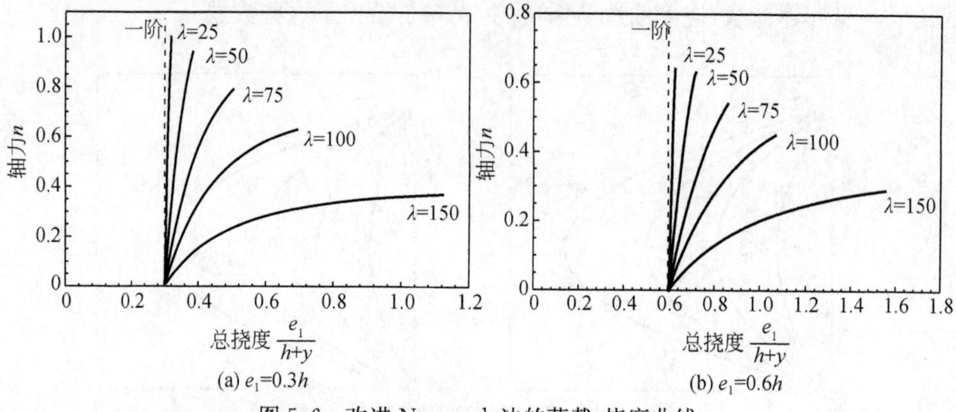

图 5.6　改进 Newmark 法的荷载-挠度曲线

荷载-挠度曲线的顶点是柱子二阶弹塑性的极限荷载，是下一步确定轴力-弯矩相关曲线所需要的，将这些数据填入表 5.2。

表 5.2　柱子二阶弹塑性的极限承载力

$\frac{e_1}{h}$	λ				
	25	50	75	100	150
0.3	1	0.94	0.79	0.63	0.37
0.6	0.64	0.63	0.54	0.45	0.29

从图 5.6 和表 5.2 可以看出，长细比越大，轴力的极限值越低。对于长细比较小的短柱（一般为 $\lambda<25$），挠度很小，即几何非线性发展很小，可忽略不计，属于材料破坏，柱延性较差，破坏突然。对于长细比中等的细长柱（一般 $\lambda<75$），构件变形引起的附加内力不能忽略不计，极限荷载与截面承载力几乎相等，属于材料破坏。对于长细比较大的超细长柱（一般 $\lambda>100$），挠度较大，属于失稳破坏，破坏时，材料的强度没有被充分利用。

5.5.3　柱的轴力-弯矩相关关系

由第 2 章计算得到的轴力-弯矩相关曲线属于截面层次，是截面承载力，反映了材料强度，如图 5.7(a)中的虚线所示。柱的轴力-弯矩相关曲线属于杆件层次，杆件层次的相关曲线是截面层次曲线往内部的一个退缩的曲线，退缩程度与长细比等因数有关，简化的方法是在截面层次曲线上乘以一个折减系数。

1. 计算过程

图 5.7 示意了一条柱子的轴力-弯矩相关曲线的绘制过程，曲线上的弯矩为一

阶弯矩($m=ne_1$),长细比为一常量。

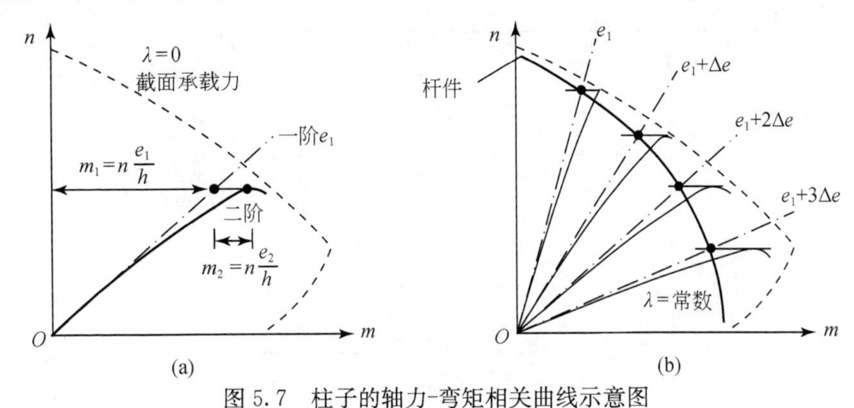

图 5.7　柱子的轴力-弯矩相关曲线示意图

图 5.7(a)示意了长细比和一阶偏心距为常量的一阶和二阶分析曲线。

一阶曲线为一直线,直线的斜率为一常数,计算式为

$$\frac{n}{m}=\frac{h}{e_1}$$

可见,斜率与一阶偏心距成反比。

二阶曲线为极值点失稳类型,该点为极限承载力,极限弯矩由一阶弯矩 m_1 和二阶弯矩 m_2 两部分组成,极值点水平线与一阶直线交点的水平坐标为一阶弯矩。

选择由小到大的 4 个一阶偏心距,图 5.7(b)示意了在长细比等于某一常量时,对应的 4 组一阶曲线和二阶曲线,二阶曲线极值点的水平线与一阶直线相交得到 4 个交点,4 个交点相连就得到了一条长细比为常量的轴力-弯矩相关曲线,选取的点越多,曲线的精度就越高。图 5.7(b)这样一条长细比为常量的轴力-弯矩相关曲线代表了柱二阶弹塑性的极限承载力。

采用改进 Newmark 法,绘制一条长细比为常数的轴力-弯矩相关曲线的具体计算框图如图 5.8 所示。

相对于传统的算法,图 5.8 在循环①里采用第 4 章的解析法来计算弯矩-曲率关系,进而减少一层循环,进行 3 层循环可完成一条杆件层次的轴力-弯矩相关关系的计算。

其中,循环②是轴力增量加载的循环,以 0.01 为间隔,以是否超出截面承载力为控制条件。循环③是一阶偏心距递增的循环,以 $0.01h$ 为间隔,以一阶偏心距是否超出 3 倍截面高度为控制条件,因为当偏心距很大时,柱的受力表现接近于梁(弯曲变形),梁的二阶效应较小,此时柱的极限承载力接近于截面强度。循环间隔可作为输入条件,由使用者根据精度需要设置。

此外,将图 5.8 的程序代码略作修改,也可用于钢筋混凝土柱的配筋设计和强度验算。

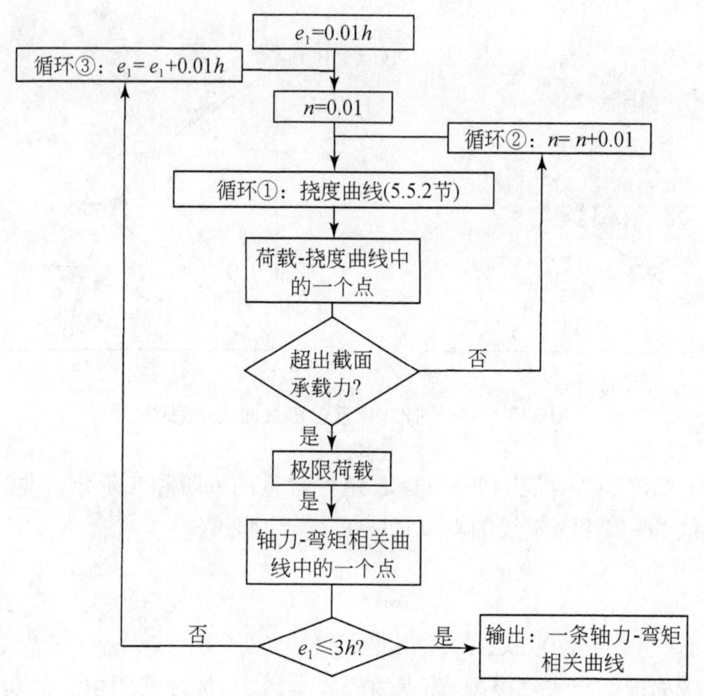

图 5.8　改进 Newmark 法计算框图

2. 算例

为了考查长细比对柱极限承载力的影响，考虑 7 种长细比：λ ＝25，50，75，100，150，200，250，采用图 5.8 所示的方法编制计算机程序，将计算结果绘制成 7 条柱的轴力-弯矩相关曲线，如图 5.9 所示。

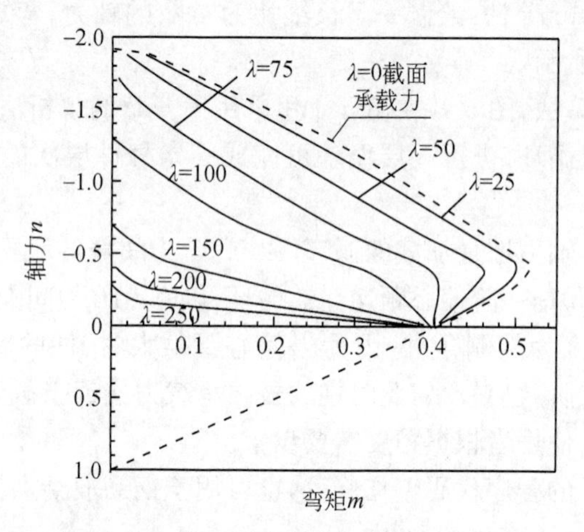

图 5.9　改进 Newmark 法的柱轴力-弯矩相关曲线(ω＝0.5)

从图 5.9 可以看出，细长柱的长细比与极限承载力显著相关，长细比越小，曲线越接近截面承载力曲线；长细比越大，曲线由截面承载力曲线的退缩越大，极限承载力越小，尤其是当 $\lambda > 100$ 时尤为显著。$\lambda = 0$ 和 $\lambda = 25$ 两条曲线间隔较小，因而，对于短柱（一般 $\lambda \leqslant 25$），可以近似地认为柱的极限承载力等于截面承载力。

5.6 本章小结

二阶弹塑性的方法需要考虑几何非线性和材料非线性。几何非线性分析即二阶分析，是分析变形结构的平衡。材料非线性是考虑了钢材或钢筋屈服，以及混凝土开裂、压碎等因素带来的刚度降低。两种非线性对内力和变形的影响不是相互独立，而是相互作用。

两种非线性的相互耦合使得整体结构分析变得复杂，精度高的计算需采用有限元的方法，由于其建模和计算的耗时，还很难在实际运用中推广。因此，本书在结构层面上采用弹性理论，采用计算长度系数法将构件从结构中剥离出来，进而考虑端部约束、相连梁和柱的刚度和长度、侧向约束（有侧移还是无侧移）等因素对构件屈曲的影响，再对分离出来的构件进行材料非线性和几何非线性分析，即杆件层面上采用二阶弹塑性理论。

本章推导了改进 Newmark 法来计算钢筋混凝土柱的二阶弹塑性。对传统的 Newmark 法进行了两个方面的改进，一是采用第 4 章的解析算法来计算弯矩对应的曲率，二是采用梯形法而不是共轭梁法来计算挠度，并采用无量纲变量以尽可能地消除截面尺寸和混凝土强度等级等参数对计算结果的影响，使结果更具一般性。最后，将这一方法编制成计算机程序，利用计算结果得到钢筋混凝土柱的挠度曲线（图 5.5）、荷载-挠度曲线（图 5.6）和轴力-弯矩相关曲线（图 5.9）。

计算结果表明：

(1)挠度曲线的形状几乎接近于正弦曲线，因而两端铰接柱的挠度曲线可以近似为正弦曲线。

(2)长细比对钢筋混凝土柱二阶弹塑性性能影响显著，长细比越小，曲线越接近截面承载力曲线；长细比越大，曲线由截面承载力曲线的退缩越大，极限承载力越小。

(3)对于长细比较小的短柱，挠度很小，即几何非线性发展很小，可忽略不计，属于材料破坏，柱的延性较差，破坏突然。

(4)对于长细比中等的细长柱，构件变形引起的附加内力不能忽略不计，极限荷载与截面承载力几乎相等，属于材料破坏。

(5)对于长细比较大的超细长柱，挠度较大，属于失稳破坏，破坏时，材料的强度没有被充分利用。

参考文献

[1] 铁摩辛柯 S P,盖莱 J M. 弹性稳定理论[M]. 第二版 . 张福范译 . 北京:科学出版社,1956.
[2] 钱冬生 . 钢压杆的承载力[M]. 北京:人民铁道出版社,1980.
[3] 陈惠发,Atsuta T. 梁柱分析与设计(第一卷:平面问题特性及设计)[M]. 周绥平译 . 北京:人民交通出版社,1997.

第 6 章　混凝土柱二阶弹塑性的图解分析和计算

6.1　概　　述

本章采用一种精度较高的方法来分析钢筋混凝土柱的二阶弹塑性。在杆件层面不分段，进行一定的简化，即假设杆件的变形曲线为正弦，因此计算精度低于第 5 章的数值方法，这样简化的优点是为能够采用解析方法提供了可能，进而极大地提高程序运行效率。

变形曲线简化后，仅需考虑柱跨中截面，按照平衡条件、本构关系和变形协调条件，并基于第 4 章的弯矩-曲率关系的解析法，推导一种新的图解分析和计算方法来确定钢筋混凝土柱的二阶弹塑性性能[1]。

采用弯矩-曲率图形来表达杆件的内力与外力的平衡关系，可直观地表示出柱的两种非线性随参数变化的一些受力现象，二阶效应的几何非线性是通过杆件的变形和平衡来考虑的，即计算柱由荷载引起的二阶内力；而材料非线性则是由本构关系计算截面的抵抗内力来反映，即计算截面的轴力-弯矩-曲率关系。

6.2　弯矩-曲率关系的数值处理

通过第 4 章的分析可知：如图 6.1 所示的轴力不变的弯矩-曲率关系曲线，通常可近似为三段折线。

折线 1：原点至下边缘混凝土开裂。

折线 2：开裂至下部钢筋受拉屈服点 $Y(m_y, \phi_y)$。

折线 3：Y 点至截面承载力的极值点 $U(m_u, \phi_u)$。

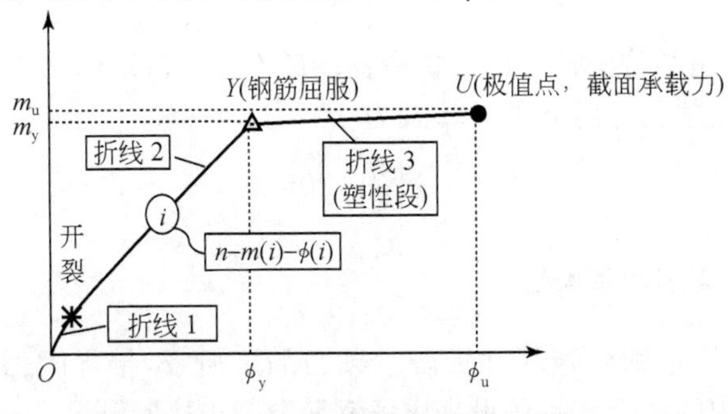

图 6.1　弯矩-曲率曲线的三折线

由图 6.1 可以看出，当截面下部受拉钢筋出现屈服时，截面的弯矩承载力已几乎耗尽，曲率的增加不再带来更多的弯矩承载力的增加。

为了方便计算，将 m-ϕ 关系曲线上的各点储存为数组，形成数组变量，曲线上任意一点 i 均对应着一个数组变量 n-$m(i)$-$\phi(i)$的值，通过这样的处理，便可将不能用解析函数表达的关系曲线像解析函数一样进行相关的运算。

6.3　杆件的变形与弯矩

6.3.1　柱的一阶弯矩

对于等偏心受力两端铰支的钢筋混凝土柱，柱的变形和弯矩如图 6.2 所示。e_1、e_2和 e_{tot}分别为跨中截面的一阶、二阶和总偏心距。

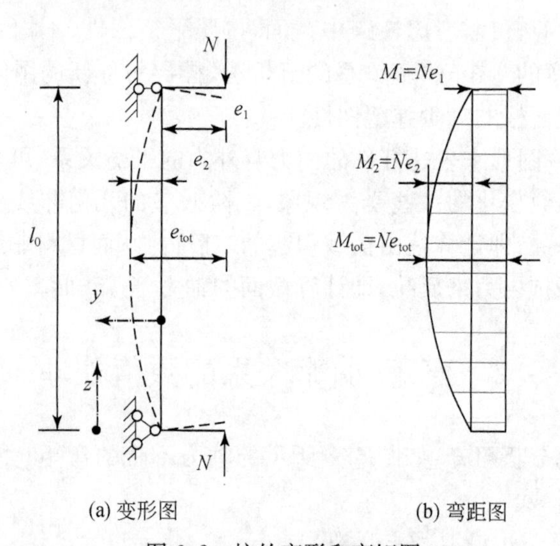

(a) 变形图　　(b) 弯距图

图 6.2　柱的变形和弯矩图

一阶偏心距 $e_1 = e_0 + e_a$。其中，初始偏心距 $e_0 = \dfrac{M_0}{N}$。

初始弯矩 M_0是结构弹性整体分析中柱端最不利的弯矩作用。按照《混凝土规范》第 6.2.5 条，附加偏心距 e_a的计算式为

$$e_a = \max\left\{\frac{h}{30}, 20\text{mm}\right\} \tag{6.1}$$

6.3.2　柱的二阶弯矩和总弯矩

Ježek 推导了矩形钢柱弹塑性极限承载力的解析解，推导时做了三个基本假设[2]。现引用其中的两个基本假设来求解钢筋混凝土柱问题：

(1)仅考虑一个截面的内外力平衡,即弯矩最大的跨中截面(图 6.2)。

(2)柱挠曲变形为一个正弦曲线的半波,其挠度 y 可表示为

$$y=e_2\sin\left(\frac{\pi z}{l_0}\right) \tag{6.2}$$

式中,e_2为二阶偏心距;z 为柱的高度坐标;l_0为柱的计算长度。

在小挠度理论假设下,曲率 Φ 近似等于挠度 y 的二阶导数 y'',则跨中截面的曲率 Φ_c为

$$\Phi_c=y''\left(\frac{l_0}{2}\right)=\frac{\pi^2}{l_0^2}e_2$$

$$\Rightarrow e_2=\frac{l_0^2\Phi_c}{\pi^2} \tag{6.3}$$

柱跨中截面的最不利总弯矩 M_{tot}为

$$\begin{aligned}M_{tot}&=Ne_{tot}\\&=Ne_1+\frac{Nl_0^2\Phi_c}{\pi^2}\end{aligned} \tag{6.4}$$

采用无量纲形式后,式(6.4)改写为

$$\begin{aligned}m_{tot}&=m_1+m_2\\&=n\frac{e_1}{h}+n\frac{\lambda^2}{12\pi^2}\phi_c\end{aligned} \tag{6.5}$$

式中,m_1为跨中截面无量纲形式的一阶弯矩;m_2为跨中截面无量纲形式的二阶弯矩;m_{tot}为跨中截面无量纲形式的总弯矩;h 为柱的截面高度;λ 为长细比。

长细比 λ 的计算式为

$$\lambda^2=12\left(\frac{l_0}{h}\right)^2 \tag{6.6}$$

值得注意的是,式(6.5)反映了外荷载引起的总弯矩 m_{tot}与柱跨中截面曲率 ϕ_c的关系,显然两者为线性关系。

6.4　图解分析和计算

6.4.1　计算思路

在图 6.3 的 m-ϕ 直角坐标系中,表示内部抵抗的相关曲线用一弧形实线示意,当截面材料和尺寸确定且轴力不变时,实线是不变的。

表示外部荷载的式(6.5)为一直线,如图 6.3 中的虚线所示,可改写为

$$m=k\phi+c \tag{6.7}$$

式中,k 为直线的斜率;c 为直线的截距。

其中,截距即为一阶弯矩,计算式为

$$c = m_1$$
$$= n\frac{e_1}{h} \tag{6.8}$$

斜率即为截面的切线刚度，计算式为

$$k = n\frac{\lambda^2}{12\pi^2} \tag{6.9}$$

当轴力 n 为定值时，截距表示一阶偏心距的大小；斜率表示长细比的大小。

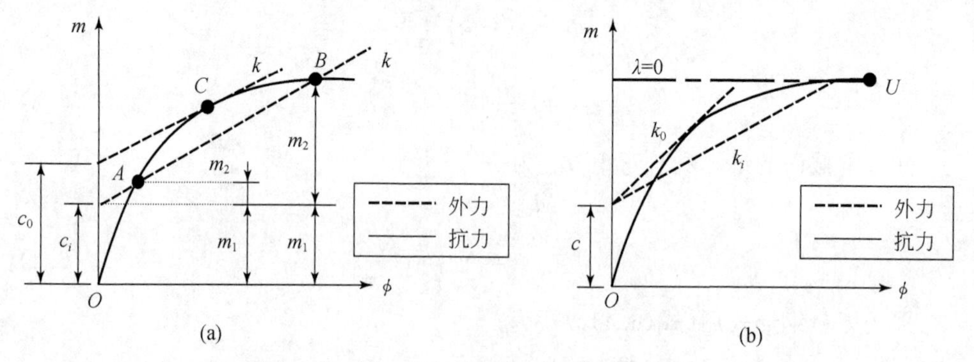

图 6.3　弯矩-曲率的图解示意图（n 为常数）

如图 6.3(a)所示，截距 c_i 和斜率 k 的直线与曲线有两个交点 A 和 B，即有两个解满足平衡条件。当曲率较小时，直线在曲线上方，即荷载大于抗力，导致柱变形（曲率）增大，抵抗弯矩也随之增大，增大到 A 点，实现平衡，此时若增加一个微小变形，抗力大于荷载，柱仍然平衡，A 点为稳定平衡点。

当曲率增大到 B 点，增加一个微小变形，抗力小于荷载，柱不平衡，B 点为稳定与不稳定平衡的临界点。

如果保持虚线斜率 k 不变，增大截距，当截距为 c_0 时直线与弧线相切，又达到了稳定平衡的临界点（C 点），此时的轴力即为极限荷载（压溃荷载[3]）。同理，如果截距 c 不变，如图 6.3(b)所示，当斜率为 k_0 时直线与弧线相切，对应的轴力为极限荷载。这一压弯破坏形式属于极值点失稳[4]。

通过上述分析可知，直线与弧线相切时的荷载为极限荷载。这样对曲线上任意一点做切线可得到一组 e_1-λ，其值便是对应于压溃荷载 n 时的两个参数，将已知参数 n-e_1-λ 代入式(6.5)可得 m，这样就得到极限荷载为 n 时的 n-m 数值，换言之，相关曲线上任意一点 n-m-ϕ 均能导致柱失稳。

而当斜率为 0（$\lambda = 0$）时，直线为水平线，如图 6.3(b)所示，极限荷载位于曲线顶点（极值点 U），这一特殊情况反映了短柱的承载力极限状态是由截面强度控制的。

通过对截面的弯矩-曲率相关曲线做切线的方法，可以实现柱子挠曲二阶效应的计算。

6.4.2　弯矩-曲率曲线的切线特征

截面参数如下：对称配筋，钢筋 $f_y=435\text{N/mm}^2$，$E_s=2\times10^5\text{N/mm}^2$，$\varepsilon_y=2.175‰$，$a_s=0.1h$。

对大小两种轴力水平的 m-ϕ 曲线进行分析，按照第 4 章计算截面的弯矩-曲率关系，并以截面轴力-弯矩-曲率的数组形式表示。

当选择截面弯矩-曲率关系曲线的数据间隔足够小时，可认为任意 i 点与其相邻的 $i+1$ 点和 $i-1$ 点存在三点共线的几何关系，即有

$$\begin{cases}m(i)=k\phi(i)+C\\m(i+1)=k\phi(i+1)+C\\m(i-1)=k\phi(i-1)+C\end{cases}$$

式中，$m(i+1)$-$\phi(i+1)$为 m-ϕ 数组的第 $i+1$ 个值；$m(i)$-$\phi(i)$为 m-ϕ 数组的第 i 个值；$m(i\text{-}1)$-$\phi(i-1)$为 m-ϕ 数组的第 $i-1$ 个值。

由式(6.7)可计算得到第 i 点的斜率和截距，进而得到第 i 点的长细比 λ_i 和一阶偏心距 e_{1i}，计算式为

$$\begin{cases}\lambda_i=\pi\sqrt{\dfrac{12}{-n}\dfrac{m(i+1)-m(i-1)}{\phi(i+1)-\phi(i-1)}}\\e_{1i}=\dfrac{m(i)}{-n}h+\dfrac{\phi(i)}{n}\dfrac{m(i+1)-m(i-1)}{\phi(i+1)-\phi(i-1)}h\end{cases}\tag{6.10}$$

由式(6.10)计算每一条曲线的 4 个临界位置斜率和截距，包括屈服点 Y 的左边(折线 2)和右边(折线 3)、极值点 U 的折线 3 和水平线，如图 6.4(b)和(c)所示。

对于钢筋混凝土双侧配筋的矩形截面，观察图 6.4 不难发现 m-ϕ 曲线有如下特点：

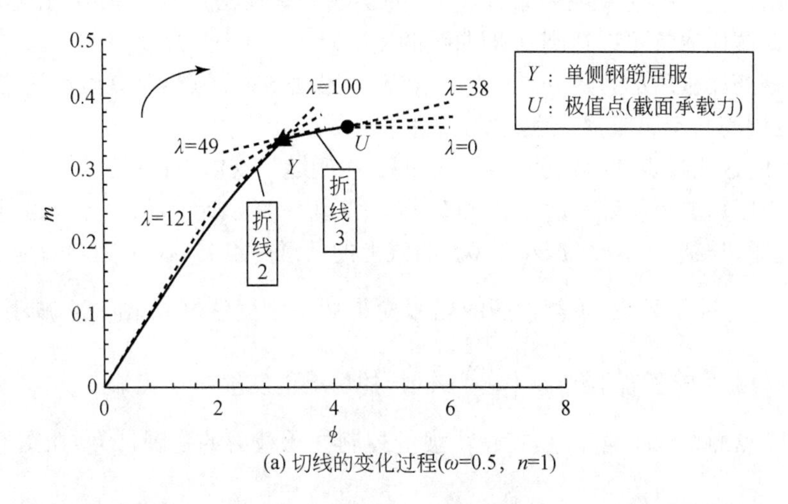

(a) 切线的变化过程(ω=0.5，n=1)

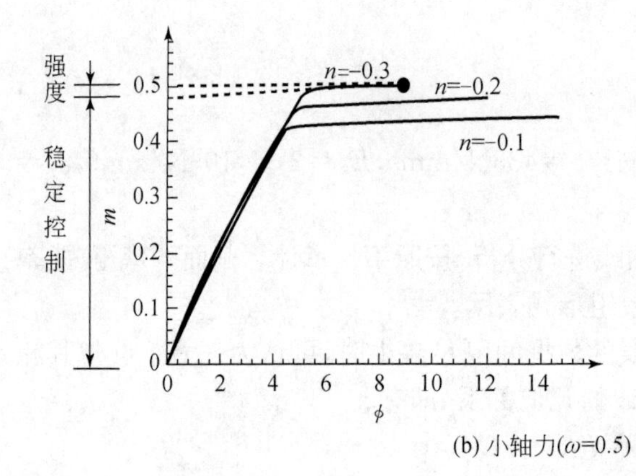

n		Y 左	右	U	U
−0.1	λ	317	80	22	0
	e_1/h	0.42	4	4.35	4.42
−0.2	λ	219	61	25	0
	e_1/h	0.33	2.13	2.32	2.39
−0.3	λ	176	55	12	0
	e_1/h	0.28	1.5	1.67	1.68

(b) 小轴力(ω=0.5)

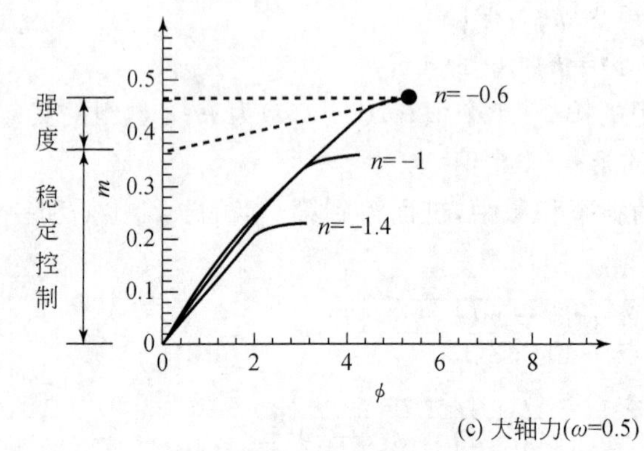

n		Y 左	右	U	U
−0.6	λ	123	72	62	0
	e_1/h	0.17	0.55	0.6	0.79
−1	λ	100	49	38	0
	e_1/h	0.08	0.28	0.3	0.36
−1.4	λ	91	37	25	0
	e_1/h	0.01	0.13	0.15	0.16

(c) 大轴力(ω=0.5)

图 6.4　弯矩-曲率曲线上的长细比和一阶偏心距

(1)单侧钢筋的屈服使得切线刚度锐减，曲线在 Y 点左右的斜率相差较大，如图 6.4(a)所示，Y 点左边长细比为 100，右边为 49。

(2)由于截面的应变限制条件，U 点的切线斜率无法达到 0，轴压比大时尤为明显，而钢截面通常可以达到 0，即曲线的末端趋于水平线。

(3)钢筋屈服后的弯矩 m_y(Y 点)至极限承载力 m_u(U 点)仅有微小的增量，意味着一旦钢筋出现屈服，弯矩承载力便几乎耗尽。

截面的这些特点使得钢筋混凝土柱的二阶问题呈现以下特点：

(1)程序算法需特殊考虑 Y 点和 U 点。如图 6.4(a)所示，从原点开始，切线斜率逐渐递减，长细比由 121 减小至 0。曲线上的任意一点 n-$m(i)$-$\phi(i)$对应了一组 λ_i-$\left(\frac{e_1}{h}\right)_i$。而对于 Y 点，单侧钢筋的屈服使得切线刚度锐减，λ 由 100 减小至 49，一组 n-m_y-ϕ_y对应了若干组 λ_i-$\left(\frac{e_1}{h}\right)_i$；同样的情况也发生在 U 点。

(2)U 点的切线不再水平，使得由强度控制柱承载力的范围扩大，如图 6.4(c)

中轴压比为0.6的曲线所示，当λ由60至0且$\frac{e_1}{h}$由0.6至0.79时，相当大范围内的柱的极限荷载均位于U点，即钢筋混凝土的细长柱也可能出现材料强度破坏。

(3)在实际工程中，发生折线2失稳情况的概率非常小，因折线2斜率大、截距小，如图6.4右边表格数据所示，当轴压比小于1时，长细比要大于100，并且偏心距非常小，才有可能发生折线2的失稳。

绝大多数失稳情况发生在Y点和折线3，即钢筋屈服后的塑性段，又因为m_y与m_u相差不大，因而可近似地认为柱极限承载力等于截面极限承载力。

6.4.3 荷载-挠度的计算

考虑挠曲二阶效应后，铰支柱最大挠度为跨中总偏心距e_{tot}，又$m_{tot}=ne_{tot}$，因此n-e_{tot}与n-m_{tot}表现的性质和计算方法相同。

对于荷载-挠度曲线，现有的分级加荷载方法只能得到上升段，得不到下降段，而分级加变形的方法是得到上升段后，继续加变形再得到下降段。

本章的方法只需分级加荷载(轴力)就能得到全部曲线，在上升和下降同时存在的荷载区间，一次计算能够同时得到上升和下降两个值。

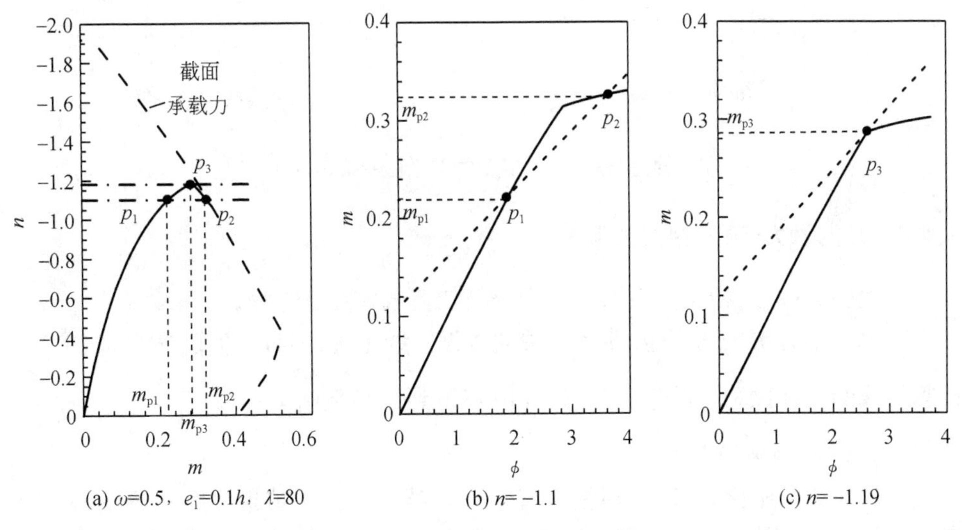

图6.5 轴力-弯矩的图解算法示意

对每一荷载水平进行计算，以图6.5(b)为例。

(1)将已知的轴力、长细比和一阶偏心距代入式(6.7)，$c=1.1\times0.1=0.11$，$k=\frac{1.1\times80^2}{12\pi^2}=59.5$，得到虚线方程$m=59.5\phi+0.11$。

(2)由$n=-1.1$和截面参数得到弯矩-曲率关系的数组$m(i)$-$\phi(i)$，绘制成图形得到实线。

(3)求实线和虚线的交点,得到 P_1 和 P_2,以及 m_{p1} 和 m_{p2},这样得到 n-m 坐标下的两个点:上升段的(m_{p1},−1.1)和下降段的(m_{p2},−1.1)。

求解所有轴力水平下的交点坐标,便能绘制出图 6.5(a)所示的 n-m_{tot} 曲线。当实线与虚线相切时,对应的轴力 $n=-1.19$ 即为柱子在 $\lambda=80$ 和 $e_1=0.1h$ 时的极限荷载。

选择五个长细比 $\lambda=25,50,75,100,150$,绘制荷载-挠度曲线,如图 6.6 所示。

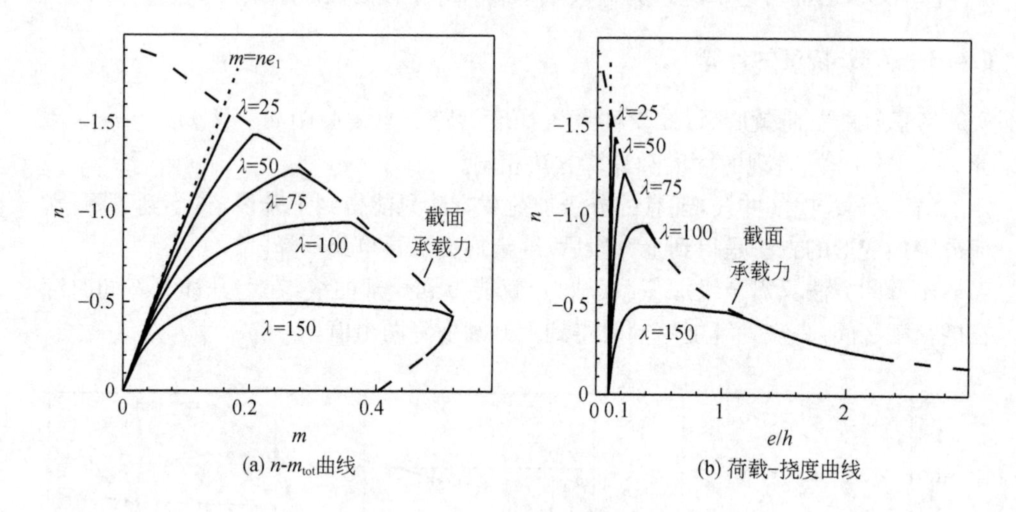

图 6.6 轴力与总弯矩/挠度的关系($\omega=0.5,e_1=0.1h$)

6.4.4 柱的轴力-弯矩相关关系

柱的轴力-弯矩相关关系同样采用分级加荷载的图解方法。

对每一轴力水平的弯矩-曲率相关曲线做曲线上每一点的切线,按照式(6.10)计算切线的长细比和一阶偏心距,这样能够得到 5 维数组 $n\text{-}m(i)\text{-}\phi(i)\text{-}\lambda_i\text{-}\left(\frac{e_1}{h}\right)_i$,数组中的 n-m 为极限荷载。

通过变化轴压比,可以得到相应若干个 5 维数组。将结果按照一阶偏心距不变进行整理,得到柱子曲线,即图 6.7(a)所示的 n-λ 曲线;按照长细比不变进行整理,得到极限荷载的相关曲线,即图 6.7(b)所示的 n-m 曲线。

显然,极限荷载与长细比和初始偏心(一阶弯矩)具有显著的相关性,长细比越大或者初始偏心越大,极限荷载越小。

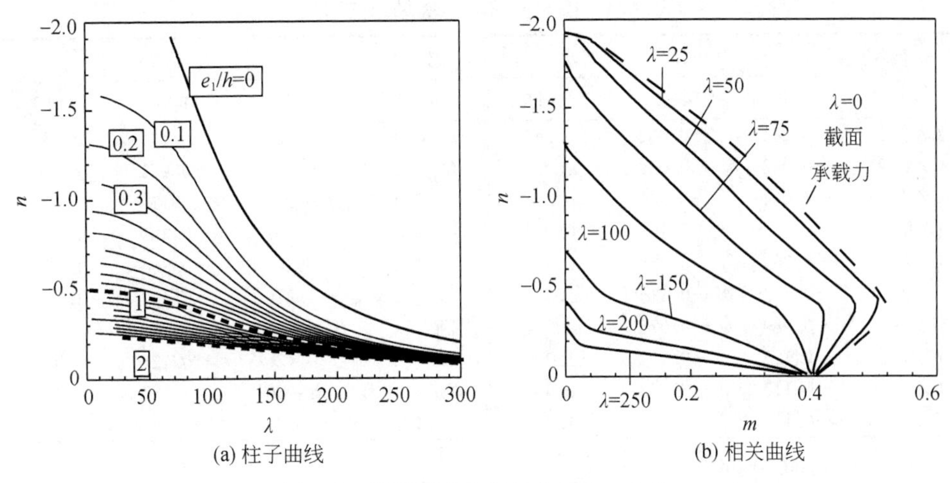

(a) 柱子曲线　(b) 相关曲线

图 6.7　极限荷载的相关曲线(ω=0.5)

6.5　与试验结果的对比

选择文献[5]中对称配筋情况(南京工学院)的 20 组试验比较,以 CZⅠ-1 试件为例来说明计算过程。CZⅠ-1 试件数据:$f_c = 408.5\text{kg/cm}^2$,截面尺寸 $b \times h = 15.3\text{cm} \times 20.1\text{cm}$,纵向钢筋直径 1.2cm,按照平均值计算 a_s,即

$$a_s = 0.5 \times (2.2 + 4) + 0.5 \times 1.2 = 3.7\text{cm}$$

单侧纵筋 $A_s = 2.26\text{cm}^2$,$f_y = 3710\text{kg/cm}^2$,柱子计算长度 $l_0 = 290\text{cm}$,一阶偏心距 $e_1 = 25\text{cm}$,试验测得极限荷载 $N_p = -7.7\text{t}$。

将试验极限荷载的量纲"吨"换算为轴压比形式,即

$$n = \frac{N}{bhf_c} = \frac{-7700}{15.3 \times 20.1 \times 408.5} = -0.0613$$

强度配筋率为

$$\omega = \frac{A_s f_y}{bhf_c} = \frac{2.26 \times 3710}{15.3 \times 20.1 \times 408.5} = 0.0667$$

长细比为

$$\lambda = \frac{290 \times \sqrt{12}}{20.1} = 50$$

按照前述方法建立极限荷载与长细比之间的关系[图 6.7(a)的柱子曲线],求解 $\lambda = 50$ 对应的极限荷载 $n = -0.0518$。将 20 组试件的计算结果列入表 6.1 中。

表 6.1 图解方法与试验结果的对比

试件编号	极限荷载 n			试件编号	极限荷载 n		
	试验	本书	比值*		试验	本书	比值*
CZⅠ-1	−0.061	−0.052	0.845	CZⅥ-1	−0.152	−0.146	0.960
CZⅠ-2	−0.092	−0.089	0.973	CZⅥ-2	−0.185	−0.221	1.196
CZⅡ-1	−0.064	−0.061	0.964	CZⅦ-1	−0.209	−0.179	0.857
CZⅡ-2	−0.108	−0.103	0.954	CZⅦ-2	−0.269	−0.269	1.000
CZⅢ-1	−0.069	−0.069	0.994	CZⅧ-1	−0.344	−0.364	1.058
CZⅢ-2	−0.113	−0.116	1.022	CZⅧ-2	−0.372	−0.443	1.191
CZⅣ-1	−0.080	−0.078	0.974	CZⅨ-1	−0.066	−0.066	1.009
CZⅣ-2	−0.129	−0.131	1.016	CZⅨ-2	−0.125	−0.125	0.999
CZⅤ-1	−0.110	−0.103	0.934	CZX-1	−0.090	−0.087	0.973
CZⅤ-2	−0.153	−0.164	1.071	CZX-2	−0.163	−0.164	1.006

* 本书计算值除以试验值。

本书计算值与试验值比值的均值是 0.9997，标准差是 0.0859，变异系数是 8.6%，计算值与试验值吻合较好。

6.6 本章小结

钢筋混凝土柱的二阶效应包含几何和材料的双重非线性，影响柱的受力行为和承载力的参数很多，如 n、m、ϕ、ω、λ 和 e_1/h 等。前四个主要控制截面抵抗大小(材料非线性，图 6.3 中的曲线)，而后两个则主要反映外部作用大小(几何非线性，图 6.3 中的直线)。通过弯矩-曲率的二维图形(图 6.3)能够表示这些参数，图 6.3 中直线的截距表示一阶弯矩(一阶偏心距 e_1 与轴力 n 的乘积)，斜率表示长细比 λ 与轴力 n 的乘积，直线和曲线交点的纵坐标表示总弯矩 m_{tot}，横坐标表示曲率 ϕ。

通过图解分析和计算，可得出以下结论：

(1)对于钢截面，弯矩-曲率关系曲线的末端趋于水平，即极限状态的切线刚度等于 0。而对于钢筋混凝土截面，钢筋和混凝土应变的限制条件使截面极限状态的切线刚度远大于 0，因而在轴压比较大时，长细比在很大范围内变化都可能出现柱的强度破坏[图 6.4(c)]。

(2)对于双侧配筋的钢筋混凝土矩形柱，可以近似地认为二阶极限承载力等于截面极限承载力。该假设只有在极少数情况下不成立，即长细比非常大且偏心矩非常小。

(3)对于荷载-挠度曲线，现有的分级加荷载方法只能得到上升段，得不到下降段，而分级加变形的方法是得到上升段后，继续加变形再得到下降段。按照图解分析和计算方法，采用分级加荷载的方法，能够同时获得荷载-挠度曲线的上升段和下降段。

参考文献

[1]陈旭,周东华,廖文远．钢筋混凝土柱二阶弹塑性计算的图解法[J]. 工程力学,2016,33(7):151—158.

[2]陈骥．钢结构稳定理论与设计[M]. 第四版．北京:科学出版社,2008.

[3]钱冬生．钢压杆的承载力[M]. 北京:人民铁道出版社,1980.

[4]Quast U. Versagen Stahlbetonstützen anders als Stahlstützen? [R]. Hamburg:TU Hamburg-Harburg,2014.

[5]白生翔,黄成若．钢筋混凝土构件试验数据集[M]. 北京:中国建筑科学研究院,1985.

第 7 章　混凝土柱二阶弹塑性的简化计算及手算设计方法

7.1　概　　述

相对于第 5 章和第 6 章的方法，本章采用一种简化计算方法来分析钢筋混凝土柱的二阶弹塑性，在杆件上和截面上均进行简化。这三种方法的简化要点如图 7.1所示。

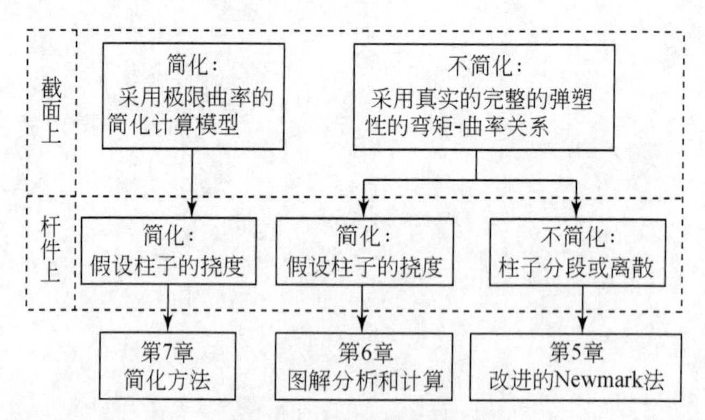

图 7.1　三种方法的简化

尽管简化带来了计算精度的下降，却为推导能够直接用于手算的诺模图提供了可能。在杆件上假设柱最终曲率为二次抛物线分布，采用虚功原理来计算二阶偏心距，采用第 2 章的逆算方法计算截面抗力，得到简化的平衡方程。在截面上，采用精确方法得到轴力与极限曲率之间的关系曲线，与《混凝土规范》中极限曲率的反比函数模型进行比较和分析，提出更为合理的考虑配筋率影响的极限曲率计算的简化模型。为了验证这一简化计算方法的可行性，与试验结果进行对比分析。

对第 5 章改进 Newmark 法、第 6 章图解分析和计算方法以及本章的简化方法这三种方法的计算结果进行对比分析。

在简化方法的基础上，给出一种用于手算设计的诺模图。通过构思三个坐标系，将柱二阶弹塑性计算的非线性方程的所有可能的解，绘制成两部分图形，可用于细长柱的配筋设计和强度验算[1]。

7.2 简化计算方法

7.2.1 最不利荷载

以两端铰支的柱为研究对象，在等偏心轴力 N 的作用下，柱最不利荷载是跨中弯矩 M_{tot}，包括一阶弯矩 M_1 和二阶弯矩 M_2，见图 7.2。其中，e_1、e_2 和 e_{tot} 分别为跨中截面的一阶偏心距、二阶偏心距和总偏心距。

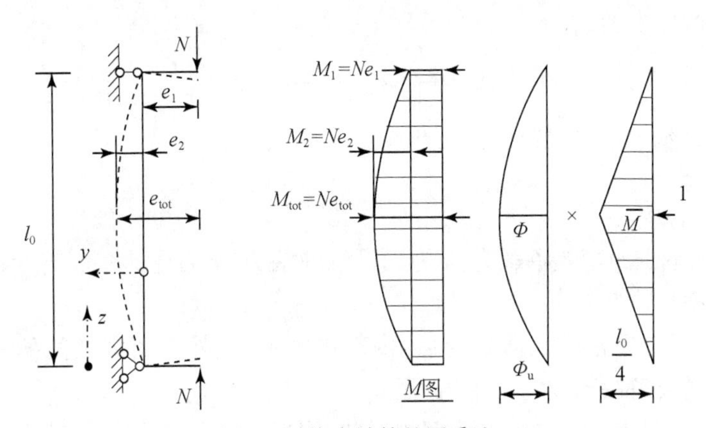

图 7.2 挠度计算的图乘法

最不利荷载 $M_{tot} = M_1 + M_2$，计算的关键在于确定二阶偏心距 e_2（附加偏心距），通常需要假设变形曲线，通过逐次逼近的方法得到真实的变形，过程复杂，属于几何非线性问题。

采用简化方法来计算附加偏心距。假设柱的最终挠曲形状，对于细长柱，二次抛物线的曲率分布与真实情况的符合程度最佳。在跨中虚设单位力，采用虚功原理，如图 7.2 所示。将实际曲率 Φ 与单位力的弯矩图 $\bar{M}$ 进行图乘，得到二阶偏心距：

$$
\begin{aligned}
e_2 &= \int \Phi(z)\bar{M}\mathrm{d}z \\
&= 2 \times \frac{2}{3} \times \frac{l_0}{2} \times \frac{5}{8} \times \frac{l_0}{4}\Phi_u \\
&= \frac{5}{48}\Phi_u l_0^2
\end{aligned}
\tag{7.1}
$$

式中，z 为柱的高度坐标；Φ_u 为极限曲率；l_0 为柱的计算长度。

则最不利荷载 M_{tot} 的计算式为

$$
M_{tot} = -Ne_1 - \frac{5}{48}N\Phi_u l_0^2 \tag{7.2}
$$

式中，N 为轴力；e_1为一阶偏心距。

这一方法将柱的几何非线性问题简化为式(7.2)，建立柱的外部荷载 M_{tot}与跨中截面位置的极限曲率 Φ_u之间的平衡和变形协调关系，两者为线性相关，M_{tot}与柱的计算长度 l_0为二次函数关系。

7.2.2 二阶的平衡方程

对于钢筋混凝土柱，当长细比较小或中等时，其破坏类型属于材料强度破坏，极限承载力几乎等于截面极限承载力 M_u，即 $M_{tot}=M_u$。

这样，式(7.2)改写为

$$M_u=-Ne_1-\frac{5}{48}N\Phi_u l_0^2 \tag{7.3}$$

采用无量纲形式后，式(7.3)改写为

$$m_u=-n\frac{e_1}{h}-\frac{5}{48}n\phi_u\left(\frac{l_0}{h}\right)^2 \tag{7.4}$$

式中，m_u为无量纲的弯矩承载力；n 为无量纲的轴力；h 为柱的截面高度；ϕ_u为无量纲的极限曲率。

式(7.4)是考虑柱的二阶效应后，内部抗力 m_u与外部荷载之间的平衡方程。方程的求解需要解决 m_u和 ϕ_u两个问题：

(1)截面承载力 m_u，取决于截面的形状，混凝土和钢筋的本构关系，钢筋的数量和位置，以及极限应变的限制等，这涉及材料非线性，计算方法见 7.3 节。

(2)极限曲率 ϕ_u，即柱破坏时危险截面的曲率[2]，取决于截面参数、极限应变的限制以及柱的二阶效应，这涉及材料非线性和几何非线性，计算方法见 7.4 节。

7.3 截面抗力的计算

采用第 2 章由应变求内力的逆算方法计算截面抗力(截面承载力)，为了和任意弯矩区分，将截面弯矩承载力表示为 m_u。由柱计算简图(图 7.2)和平衡方程式[式(7.4)]可知总偏心距 $e_{tot}=-\dfrac{m_u}{nh}$。

将 m_u-n 的计算结果以强度配筋率 ω 为横坐标，以无量纲总偏心距 $\dfrac{e_{tot}}{h}$ 为纵坐标，按照轴压比 n 不变进行整理，一个 n 值对应一条 $\dfrac{e_{tot}}{h}$-ω 曲线。取 $n=-2.6$～-0.1之间的 18 个值，可绘制成 18 条曲线，如图 7.3 所示。

对于钢筋混凝土柱，若已知配筋率和轴压比，采用图 7.3 所示的坐标形式，就可以方便地查询柱所能承受的最大偏心距 e_{tot}。显然，随着轴压比增大，e_{tot}呈非线

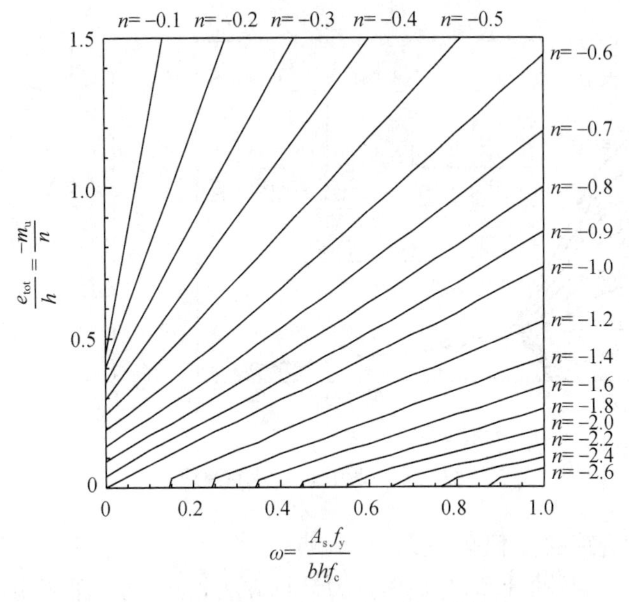

图 7.3　总偏心矩-强度配筋率曲线

性地递减，$n \leqslant -1.6$ 尤为明显；ω 有解的范围也非线性地退缩，例如，当 $n \geqslant -1$ 时，ω 在 0 ～ 1 之间均有解，而当 $n=-2.2$ 时，ω 有解的范围是 0.65～1。

7.4　极限曲率的计算公式

7.4.1　两种曲线的定义

极限曲率 ϕ_u 的计算复杂，需要考虑材料非线性(截面参数和图 2.5 所示的应变限制条件，计算结果见图 7.4 中的曲线 Ⅰ)和几何非线性(柱侧移带来的稳定问题，图 7.4 中的曲线 Ⅱ)，因此需要对计算进行简化。

曲线 Ⅰ 的定义：按照图 2.5 极限状态可能的应变分布计算承载力所得的轴力-极限曲率关系曲线，由材料非线性起控制作用，属于短柱情况，应变分布范围如图 7.4 所示。

曲线 Ⅱ 的定义：按照稳定能力计算的轴力-极限曲率关系曲线，由几何非线性起控制作用，属于超细长柱情况。若截面下部受拉钢筋应变超过屈服应变 ε_y，柱将产生侧移，侧移使得弯矩作用进一步增加，而钢筋屈服后的抗力不变，混凝土增加的抗力无法与弯矩作用抗衡时，容易导致柱失稳[3]。此时应将 ε_y 作为受拉极限应变，应变分布范围如图 7.4 所示。

首先采用精确算法计算曲线 Ⅰ 和 Ⅱ，将《混凝土规范》中的近似计算方法与之

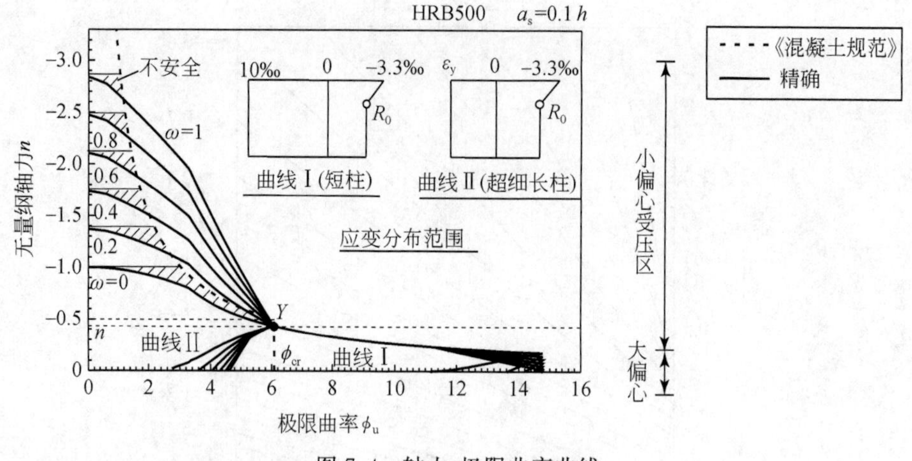

图 7.4　轴力-极限曲率曲线

比较，提出更为合理的 ϕ_u 简化公式。

对于曲线Ⅰ和Ⅱ的计算，与截面抗力计算方法相同，同样采用由应变计算内力的逆算方法，计算过程中完整地利用了混凝土和钢筋本构关系曲线，没有迭代和收敛精度带来的误差，基于这一点来说，曲线是精确解。

7.4.2　计算方法

在应变的取值范围内，按照式(2.11)计算轴压比 n，按照式(2.5)计算的 ϕ 即为极限曲率 ϕ_u，按照强度配筋率 ω 不变进行整理，一个 ω 值对应一条 n-ϕ_u 曲线。对于曲线Ⅰ和Ⅱ，取强度配筋率 $\omega=0\sim1$ 之间的 6 个值，可分别绘制成 6 条曲线。如图 7.4 中粗实线所示。

图 7.4 中的 Y 点为截面下部钢筋应变达到屈服 ε_y 和上边缘混凝土应变达到极限 ε_{cu}，Y 点以上是小偏心受压状态，以下是大偏心受压状态。Y 点对应的曲率 ϕ_{cr} 和轴压比 n_{cr} 的计算式为

$$\begin{cases}\phi_{cr}=\dfrac{(3.3+\varepsilon_y)h}{h-a_s}\times10^{-3}\\ n_{cr}=-\dfrac{79}{30\varepsilon_y+99}\left(1-\dfrac{a_s}{h}\right)\end{cases}\tag{7.5}$$

7.4.3　曲线Ⅰ和Ⅱ的比较

对比计算结果，小偏心受压时的曲线Ⅰ(短柱)和曲线Ⅱ(超细长柱)完全重合。n-ϕ_u 曲线与强度配筋率显著相关，配筋率越大，承载力越高。

大偏心受压时的曲线Ⅱ和Ⅰ相互分离，表明屈服一旦开始，发生了一定数量的非弹性弯曲变形[4]。此时曲线Ⅰ与强度配筋率有一定的相关性。曲线Ⅱ的中部区

段,6 条曲线重叠为一条,曲线与强度配筋率无关,这是由于截面双侧钢筋屈服,双侧钢筋抗力大小相等且方向相反。

曲线Ⅰ是完全由截面承载力决定的,即短柱的情况,曲线Ⅱ是完全由稳定能力决定的,即超细长柱的情况,而实际的柱往往介于两者之间,因此,实际的 ϕ_u 介于两条曲线之间。

7.4.4　混凝土结构规范的近似模型

按照《混凝土规范》的第 6.2.4 条的规定:

(1)当 $n \geqslant -0.5$ 时,极限曲率为一定值 ϕ_{cr},曲率修正系数 $\zeta_c=1$,此时,下部钢筋受拉屈服($\varepsilon_s=\varepsilon_y$),不考虑徐变系数时的截面上边缘混凝土应变达到极限($\varepsilon_c=\varepsilon_{cu}$)。

(2)当 $n < -0.5$ 时,$\zeta_c=\dfrac{0.5f_cA}{N}$,即极限曲率是轴力的反比函数。《混凝土规范》曲线见图 7.4 中的虚线。

当小偏心受压时(大轴压比作用下),《混凝土规范》的近似公式与配筋率无关,有利于设计人员手算,但这一近似处理存在以下较大的不合理性:

(1)如图 7.4 中的阴影部分所示,在接近极限轴心轴压比的小部分范围内,《混凝土规范》曲线超出了实际曲线,偏于不安全。

(2)随着 ω 的变化,《混凝土规范》与精确曲线的误差不确定。与配筋率大的精确曲线相比偏于保守;与配筋率小的精确曲线相比偏于不安全。

(3)《混凝土规范》采用的反比函数需要轴压比无穷大时才能将曲率折减为零,通常考虑钢筋参与抗压,轴压比不会大于 3,若考虑抗震要求轴压比会更小,一般不大于 1,因此轴压比要无穷大时曲率才为零是不合理的。

当大偏心受压时(小轴压比作用下),《混凝土规范》的定值 $\phi=\phi_{cr}$ 位于两条曲线之间,具有合理性。轴压比越小,由侧移产生的弯矩作用越小,所以可采用 ϕ_{cr} 近似。

对式(7.5)计算分析可知,n_{cr} 通常为 $-0.5\sim-0.4$。例如,$a_s=0.1h$,对于 HRB500 钢筋,$\varepsilon_y=2.175‰$,$n_{cr}=-0.43$。因此,《混凝土规范》以 $n_{cr}=-0.5$ 作为临界值,略偏于不安全,本书采用 $n_{cr}=-0.4$。

7.4.5　近似模型

基于上述分析,提出截面极限曲率 ϕ_u 的计算式为

$$\phi_u=\begin{cases}\dfrac{n_{cu}-n}{n_{cu}+0.4}\phi_{cr}, & n<-0.4\\ \phi_{cr}, & n\geqslant-0.4\end{cases}\tag{7.6}$$

式中,n_{cu} 为无量纲的极限轴心压力,按照式(4.22)计算。

选择三个强度配筋率值 $\omega=0,0.5,1$,按照式(7.6)计算 n-ϕ_u 值,绘制成 3 条曲线,如图 7.5 中虚线所示。

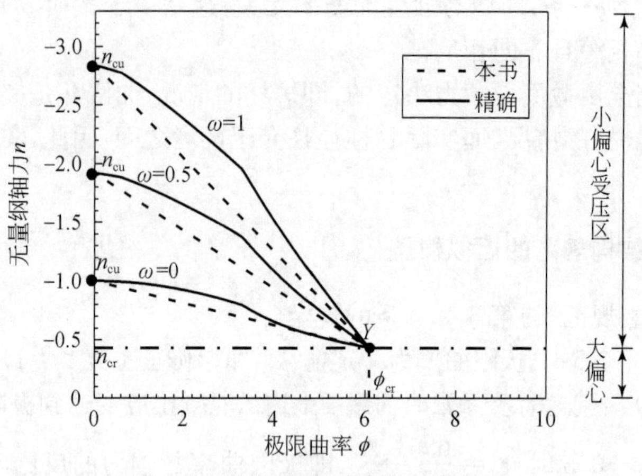

图 7.5 轴力-极限曲率的简化模型

这一简化模型的特点为：

(1)在小偏心受压区，曲线与强度配筋率线性相关。即采用 Y 点和轴心受压极值点$(0,n_{cu})$的连线作为近似模型，而 n_{cu} 与强度配筋率 ω 线性相关[式(4.22)]。

(2)当大偏心受压时，轴压比越小，由侧移产生的弯矩作用越小，采用一定值来估计极限曲率。

(3)当小偏心受压时，只能达到单侧钢筋屈服，即上部钢筋的受压屈服，需要对 ϕ_{cr} 进行折减来考虑下部钢筋未屈服对极限曲率的影响。而式(7.6)与强度配筋率 ω 变化的每一条精确曲线都有较好地逼近，且均偏于安全。

7.5 本章简化计算方法与试验结果的对比

20 世纪七八十年代，西南交通大学路湛沁教授领导的研究团队对混凝土偏心受压中长柱的受力性能做过详细的研究和拓展。如陈家夔和崔锦[5]对偏心受压基本柱进行的理论和试验研究[6]，并给出西南交通大学于 1980 年所开展的中长柱试件原始数据及试验结果，共计 56 组试件，数据见表 7.1。

表 7.1 中长柱试件原始数据及试验结果

序号	试件编号	混凝土保护层/cm		混凝土强度/(kg/cm²)	钢筋面积/cm²	钢筋屈服强度/(kg/cm²)	截面尺寸/cm		一阶偏心距 e_1/cm	计算长度 l_0/cm	极限荷载 t
		a	a'				b	h			
1	z-25	1.4	1.33	374	0.664	2191	12.08	12	9	224	4.45
2	z-26	1.43	1.48	374	0.664	2191	12.15	12.08	1.94	224	28.35

续表

序号	试件编号	混凝土保护层/cm		混凝土强度/(kg/cm²)	钢筋面积/cm²	钢筋屈服强度/(kg/cm²)	截面尺寸/cm		一阶偏心距 e_1/cm	计算长度 l_0/cm	极限荷载 t
		a	a'				b	h			
3	z-27	1.43	1.38	485	0.664	2191	12.13	12.13	6.94	224	7.55
4	z-28	1.33	1.28	485	0.664	2191	12.15	12	7	224	7
5	z-29	1.88	1.8	482	4.02	3830	12.16	12.19	5.9	224	26.2
6	z-30	1.78	1.93	482	4.02	3830	12.24	11.9	3.55	224	37.6
7	z-31	1.85	1.95	482	4.02	3830	12.08	12.06	6.97	224	23.9
8	z-32	1.95	1.88	482	4.02	3830	12.16	12.07	8.97	224	18.2
9	z-33	1.85	2	482	4.02	3830	12.14	11.99	5	224	29.2
10	z-34	1.78	1.95	482	4.02	3830	12.1	11.94	2.03	224	52.8
11	z-101	1.36	1.31	260.5	0.664	2191	12.09	11.94	3.53	224	13.2
12	z-102	1.36	1.6	260.5	0.664	2191	11.97	12.1	6.95	224	5.65
13	z-103	1.51	1.23	260.5	0.664	2191	12.04	11.8	9.1	224	4.13
14	z-104	1.38	1.36	260.5	0.664	2191	11.88	12	3.5	224	12.25
15	z-105	1.28	1.36	260.5	0.664	2191	12.11	12.1	4.95	224	9.28
16	z-106	1.33	1.48	260.5	0.664	2191	12	11.89	7.05	224	5.4
17	z-108	1.7	1.7	427	1.57	3189	12	12	7	224	12
18	z-111	1.63	1.63	427	1.57	3189	12.1	12.1	7	224	11.82
19	z-112	1.6	1.7	427	1.57	3189	12	12	10	224	7.36
20	z-113	1.83	1.8	403	2.26	3020	12.1	12.2	10	224	8.73
21	z-115	1.7	1.78	403	2.26	3020	11.95	12.02	5	224	19.15
22	z-116	2.9	2.8	403	2.26	3020	11.9	12.2	10	224	7
23	z-117	2.8	2.74	403	2.26	3020	12	12.1	7	224	10.76
24	z-118	2.7	2.68	403	2.26	3020	12	11.99	5	224	15.62
25	z-119	1.57	1.53	399	1.57	3189	12.1	12.2	7	224	11.01
26	z-120	1.48	1.58	399	1.57	3189	12.01	11.97	6.02	224	12.7
27	z-121	1.8	1.5	399	1.57	3189	11.97	12	4	224	18.75
28	z-122	1.53	1.85	399	1.57	3189	12.01	12.04	5.98	224	13.7
29	z-123	1.53	1.58	399	1.57	3189	12	12	7	224	10.71
30	z-124	1.58	1.63	399	1.57	3189	11.98	12.04	3.98	224	18.32
31	z-125	1.88	2	394	4.02	3830	12.22	12.21	6.9	224	22.7

续表

序号	试件编号	混凝土保护层/cm		混凝土强度/(kg/cm²)	钢筋面积/cm²	钢筋屈服强度/(kg/cm²)	截面尺寸/cm		一阶偏心距 e_1/cm	计算长度 l_0/cm	极限荷载 t
		a	a'				b	h			
32	z-126	1.83	2.05	394	4.02	3830	12.09	12.1	4.95	224	28.85
33	z-127	1.93	1.88	394	4.02	3830	12.07	12.02	4	224	33.25
34	z-128	1.93	1.9	394	4.02	2756	12.1	12.1	10	224	11.82
35	z-129	1.88	1.98	394	4.02	2756	12.1	12.1	7	224	16.97
36	z-130	1.78	1.95	394	4.02	2756	12.12	11.99	7	224	18.4
37	z-131	1.8	2.05	230	2.26	3260	12.1	12.2	7	224	11.37
38	z-132	1.8	1.7	230	2.26	3260	12	12	10	224	7.83
39	z-133	1.6	1.9	230	2.26	3260	12.08	12.13	4.94	224	15.9
40	z-134	2.9	2.9	230	2.26	3260	12	12.2	7	224	8.93
41	z-135	2.65	2.95	230	2.26	3260	12	12.1	10	224	6.62
42	z-136	2.7	2.7	230	2.26	3260	12.04	12.01	5	224	12.5
43	DZ-7	1.48	1.46	261	0.664	2191	12.13	12.13	9.94	109	4.62
44	DZ-8	1.61	1.48	261	0.664	2191	12.05	12.17	6.92	109	8.6
45	DZ-9	1.62	1.7	427	1.57	3189	12	12.2	10	109	8.9
46	DZ-10	1.95	1.6	427	1.57	3189	12	12.1	7	109	13.8
47	DZ-11	1.87	1.6	403	2.26	3020	12.18	12.12	4.94	109	25
48	DZ-12	1.77	1.77	403	2.26	3020	12.1	12.1	7	109	16.5
49	DZ-13	1.9	1.65	399	1.57	3503	12	12.15	3.93	109	30.7
50	DZ-14	1.77	1.4	399	1.57	3503	12.02	12.1	5.95	109	19.8
51	DZ-15	1.92	1.8	394	4.02	2756	12.1	12.1	7	109	21.4
52	DZ-16	1.97	2.02	394	4.02	2756	12.1	12.1	3.95	109	35
53	DZ-17	2.1	1.9	230	4.02	3830	12.2	12.2	4.9	109	26.4
54	DZ-18	1.7	1.97	230	4.02	3830	12.15	12.05	6.97	109	18.8
55	DZ-19	1.67	1.7	179	1.57	3189	12	12	7	109	9.6
56	DZ-20	1.7	1.65	179	1.57	3189	12.1	12.1	7	109	9.55

为了验证 7.2～7.4 节所提出的简化计算方法的有效性，对表 7.1 的 56 组试件进行计算对比。

以 z-25 试件为例来说明计算过程。

z-25 试件的截面尺寸 $b \times h=12\text{cm} \times 12\text{cm}$，钢筋屈服强度 $f_y=2191\text{kg/cm}^2$，混凝土抗压强度 $f_c=374\text{kg/cm}^2$。采用对称配筋形式，上部和下部钢筋面积均为 $A_s=0.664\text{cm}^2$。一阶偏心距 $e_1=9\text{cm}$，柱子的计算长度 $l_0=224\text{cm}$。由试验测得的极限荷载 $N_p=-4.45\text{t}$。按照试验的平均值，纵向钢筋受力点与截面边缘距离为

$$a_s=0.5 \times (1.4 + 1.33)=1.365\text{cm}$$

计算试验 N_p的无量纲轴力为

$$n=\frac{N}{bhf_c}=\frac{-4450}{12^2 \times 374}=-0.083$$

将 56 组试件的 N_p的无量纲值填入表 7.2，表格中的数据均不带符号。

采用简化方法来计算极限荷载的框图见图 7.6。程序编制时，可先取较小轴压比开始计算，如 $n=-0.01$，则必然有抗力 $m_u>$ 荷载 m_{tot}，采用轴压比的增量加载方式，直至 $m_u< m_{tot}$，然后可采用二分法获得满足精度要求(本书取 10^{-4})的 n。

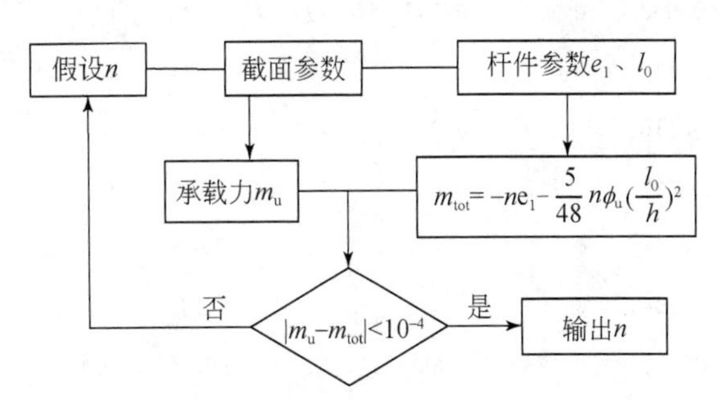

图 7.6　极限荷载的计算框图

对于 z-25 试件，强度配筋率为

$$\omega=\frac{A_s f_y}{bhf_c}=\frac{0.664 \times 2191}{12 \times 12 \times 374}=0.027$$

由程序算得极限荷载为 $n=-0.049$，将 56 组试件极限荷载的计算值填入表 7.2。分析简化方法与试验值的比值，按照数理统计方法计算的均值为 0.9919，标准差为 0.1939，变异系数为 19.55%，相对于第 6 章的图解分析和计算方法(标准差是 0.0859，变异系数为 8.6%)，与试验结果的偏差要大一点，但仍有一定的符合程度，且偏于安全。

表 7.2　本章简化方法与试验结果的对比

序号	试件编号	极限荷载 n			序号	试件编号	极限荷载 n		
		试验	本章	比值*			试验	本章	比值*
1	z-25	0.083	0.049	0.592	29	z-123	0.186	0.184	0.989
2	z-26	0.526	0.433	0.823	30	z-124	0.319	0.342	1.072
3	z-27	0.108	0.060	0.556	31	z-125	0.400	0.429	1.072
4	z-28	0.100	0.058	0.574	32	z-126	0.508	0.524	1.030
5	z-29	0.377	0.424	1.123	33	z-127	0.586	0.589	1.006
6	z-30	0.542	0.568	1.049	34	z-128	0.208	0.240	1.154
7	z-31	0.344	0.367	1.065	35	z-129	0.299	0.344	1.150
8	z-32	0.262	0.290	1.107	36	z-130	0.324	0.345	1.063
9	z-33	0.421	0.470	1.116	37	z-131	0.343	0.372	1.083
10	z-34	0.761	0.743	0.977	38	z-132	0.236	0.266	1.124
11	z-101	0.352	0.281	0.797	39	z-133	0.480	0.483	1.006
12	z-102	0.151	0.100	0.661	40	z-134	0.270	0.360	1.336
13	z-103	0.110	0.067	0.607	41	z-135	0.200	0.258	1.291
14	z-104	0.327	0.283	0.867	42	z-136	0.377	0.467	1.237
15	z-105	0.247	0.175	0.707	43	DZ-7	0.123	0.075	0.613
16	z-106	0.144	0.098	0.682	44	DZ-8	0.229	0.153	0.668
17	z-108	0.195	0.173	0.889	45	DZ-9	0.145	0.141	0.973
18	z-111	0.192	0.174	0.904	46	DZ-10	0.224	0.251	1.117
19	z-112	0.120	0.109	0.910	47	DZ-11	0.431	0.462	1.073
20	z-113	0.150	0.152	1.010	48	DZ-12	0.284	0.319	1.123
21	z-115	0.330	0.333	1.008	49	DZ-13	0.534	0.508	0.951
22	z-116	0.121	0.147	1.218	50	DZ-14	0.345	0.345	1.002
23	z-117	0.185	0.225	1.215	51	DZ-15	0.377	0.438	1.162
24	z-118	0.269	0.318	1.182	52	DZ-16	0.617	0.646	1.048
25	z-119	0.192	0.184	0.962	53	DZ-17	0.797	0.849	1.065
26	z-120	0.221	0.223	1.009	54	DZ-18	0.568	0.681	1.200
27	z-121	0.326	0.340	1.041	55	DZ-19	0.372	0.437	1.173
28	z-122	0.238	0.223	0.937	56	DZ-20	0.370	0.437	1.179

* 本章计算值除以试验值。

7.6　三种方法的对比分析

第 5 章(改进 Newmark 法)、第 6 章(图解分析和计算)和本章(简化计算方法)提供了三种精度不同的方法。为了验证方法的有效性,现采用这三种方法来计算一个特定的对称配筋的等偏心受力的两端铰支的钢筋混凝土矩形柱。截面参数为:钢筋 $f_y=435\text{N/mm}^2$,$E_s=2\times10^5\text{N/mm}^2$,$\varepsilon_y=2.175‰$,$a_s=0.1h$,强度配筋率 $\omega=0.5$。

同样,考查长细比对柱极限承载力的影响,绘制长细比不变的柱的轴力-弯矩相关曲线。考虑 7 个长细比值 $\lambda=25,50,75,100,150,200,250$,编制相应的计算机程序,得到 21 条曲线,如图 7.7 所示。

改进 Newmark 法属于分段的数值方法,简化最少,因而精度最高,如图 7.7 中的 7 条粗线所示。其他两个方法绘制的曲线与粗线之间的偏差情况从图 7.7 中一目了然。简化方法的曲线与数值方法偏差较大,这是不可避免的,因为精度高的方法就不可能做到简单。而图解分析和计算方法得到的曲线与数值方法偏差较小,说明该方法在精度上较好,而且具有很高的运行效率。

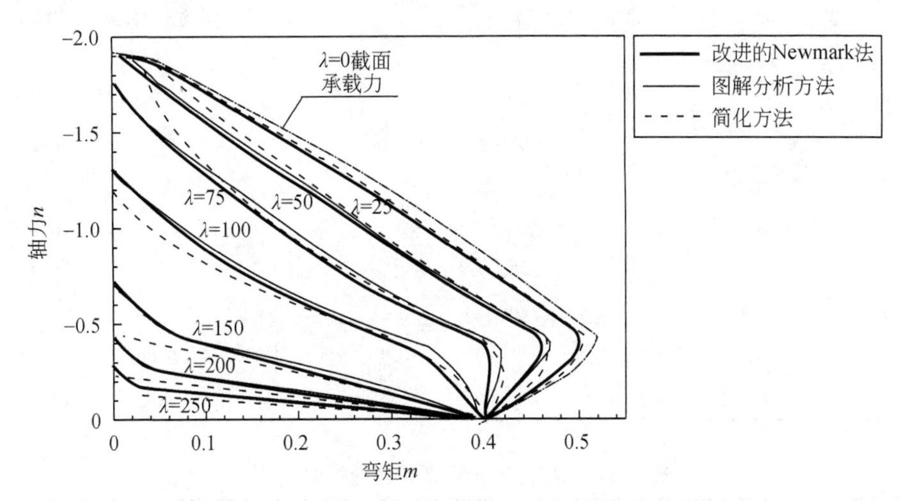

图 7.7　三种方法的柱轴力-弯矩相关曲线($\omega=0.5$)

此外,当 $\lambda=25$ 时,三种方法的曲线几乎重叠,因短粗型柱的二阶效应较小可以忽略不计。三种曲线的趋向和走势呈现出较好的一致性,由此可在某种程度上判断这三种方法的有效性。

将图 7.7 中的部分数据填入表格,如表 7.3～表 7.5 所示。

表 7.3 三种方法所计算的部分极限值Ⅰ

轴力 n	弯矩 m						
	$\lambda=0$	$\lambda=25$			$\lambda=50$		
		改进 Newmark 法	图解法	简化法	改进 Newmark 法	图解法	简化法
−1.92	0	0	0	0	0	0	0
−1.5	0.19	0.17	0.17	0.18	0.12	0.12	0.14
−1	0.36	0.33	0.34	0.34	0.27	0.28	0.28
−0.5	0.5	0.48	0.49	0.49	0.43	0.44	0.44
−0.4	0.52	0.5	0.5	0.5	0.46	0.47	0.46
−0.3	0.5	0.49	0.49	0.49	0.45	0.46	0.46
−0.2	0.48	0.46	0.46	0.47	0.44	0.44	0.45
−0.1	0.44	0.43	0.43	0.44	0.42	0.42	0.43
0	0.4	0.4	0.4	0.4	0.4	0.4	0.4

表 7.4 三种方法所计算的部分极限值Ⅱ

$\lambda=75$				$\lambda=100$			
轴力 n	弯矩 m			轴力 n	弯矩 m		
	改进 Newmark 法	图解法	简化法		改进 Newmark 法	图解法	简化法
−1.76	0	0	0.04	−1.31	0	0	—
−1.2	0.12	0.14	0.13	−1.2	0.02	0.02	0
−1.0	0.18	0.19	0.18	−1.0	0.07	0.08	0.04
−0.5	0.35	0.36	0.36	−0.5	0.25	0.27	0.26
−0.4	0.39	0.41	0.4	−0.4	0.31	0.33	0.31
−0.3	0.4	0.42	0.41	−0.3	0.34	0.36	0.34
−0.2	0.4	0.41	0.42	−0.2	0.36	0.38	0.37
−0.1	0.4	0.4	0.41	−0.1	0.38	0.39	0.39
0	0.4	0.4	0.4	0	0.4	0.4	0.4

表 7.5 三种方法所计算的部分极限值Ⅲ

$\lambda=150$			$\lambda=200$			$\lambda=250$		
轴力 n	弯矩 m		轴力 n	弯矩 m		轴力 n	弯矩 m	
	改进 Newmark 法	图解法		改进 Newmark 法	图解法		改进 Newmark 法	图解法
−0.71	0	0	—	—	—	—	—	—
−0.5	0.05	0.05	—	—	—	—	—	—
−0.4	0.1	0.1	−0.42	0	0	—	—	—

续表

$\lambda=150$			$\lambda=200$			$\lambda=250$		
轴力 n	弯矩 m		轴力 n	弯矩 m		轴力 n	弯矩 m	
	改进 Newmark 法	图解法		改进 Newmark 法	图解法		改进 Newmark 法	图解法
−0.3	0.18	0.19	−0.3	0.03	0.03	−0.28	0	0
−0.2	0.25	0.27	−0.2	0.12	0.13	−0.2	0.02	0.02
−0.1	0.32	0.34	−0.1	0.25	0.27	−0.1	0.17	0.19
0	0.39	0.39	0	0.37	0.38	0	0.37	0.37

7.7　手算设计方法

按照第 2 章计算截面承载力，按照式(7.6)计算极限曲率，求解平衡方程式(7.4)，将这一过程通过计算机软件编程，能够完成对钢筋混凝土柱的二阶效应计算。

尽管上述方法从杆件和截面进行了简化，计算过程中仍然需要进行多个步骤，需求解多个方程。在实际工作中，设计人员往往需要通过手算来复核电算结果，或者通过手算来进行简单构件的计算。为了提高效率，推导一种手算设计方法来完成这一工作，将所有可能的解以诺模图的方式表达，通过查图方式来进行配筋设计或验算[6]。

7.7.1　诺模图的构思

在平面上布置 3 个坐标系，见图 7.8。坐标系 1 为 $\frac{e}{h}$-ϕ_u直角坐标系，坐标系 2 为 $\frac{e}{h}$-ω 直角坐标系，坐标系 3 为 $\frac{l_0}{h}$ 单线坐标系。

在坐标系 1 和坐标系 2 中分别绘制图形Ⅰ和图形Ⅱ。图形Ⅰ是图 7.3 所示的 n 不变情况下的 $\frac{e_{tot}}{h}$-ω 曲线。图形Ⅱ的纵坐标与图形Ⅰ完全相同，横坐标 ϕ_u 由式(7.5)和式(7.6)计算。这样，可绘制出图形Ⅰ和Ⅱ，绘图区域位于图 7.8 中的阴影部分。

坐标系 3 的 $\frac{l_0}{h}$ 坐标与 $\frac{e}{h}$ 坐标之间是非线性相关的，$\frac{l_0}{h}$ 坐标刻度的标注方法如下所述。

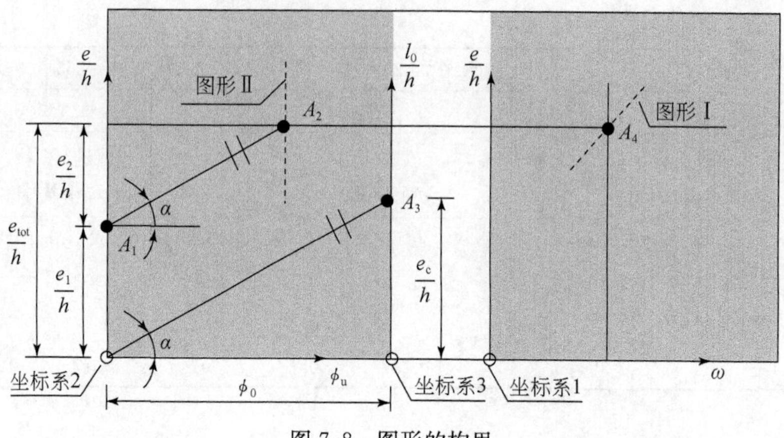

图 7.8　图形的构思

1. A_3点高度的计算

对平衡方程式(7.4)除以轴力 n，得

$$\frac{e_{\text{tot}}}{h}=\frac{e_1}{h}+\frac{e_2}{h}=\frac{e_1}{h}+\frac{5}{48}\phi_{\text{u}}\left(\frac{l_0}{h}\right)^2 \tag{7.7}$$

当钢筋屈服应变 ε_{y}、轴压比 n 和强度配筋率 ω 已知时，按照前述方法，能够计算出 $\frac{e_{\text{tot}}}{h}$ 和 ϕ_{u}，在平面上描绘出两个点，以图 7.8 中的 A_2点和 A_4点示意。当一阶偏心距 e_1已知时，能够描绘出 A_1点，连接 A_1A_2，通过坐标系 2 的原点做 A_1A_2的平行线，与坐标系 3 相交于 A_3点。由几何关系和式(7.7)，有

$$\tan\alpha=\frac{5}{48}\left(\frac{l_0}{h}\right)^2 \tag{7.8}$$

则有

$$\frac{e_{\text{c}}}{h}=\phi_0\,\frac{5}{48}\left(\frac{l_0}{h}\right)^2 \tag{7.9}$$

式中，ϕ_0为坐标系 2 原点至坐标系 3 原点的曲率值，根据图面布置设计，为已知量。

2. 长细比坐标的刻度

对于矩形截面，长细比可以以截面高度 h 表示，也可以以惯性半径 i 表示，两种形式的数学关系为

$$\frac{l_0}{h}=0.289\,\frac{l_0}{i}\approx 0.3\lambda \tag{7.10}$$

将坐标系 3 中单线坐标 $\frac{l_0}{h}$ 的刻度范围标注为 0 ～ 40，相当于 λ 为 0 ～ 138，能够满足实际钢筋混凝土柱的工程需要。

这样，取 $\frac{l_0}{h}$ 为 1～40 之间以 1 为间隔的 40 个值，按照式(7.10)计算 $\frac{e_c}{h}$，可绘制出坐标系 3 的 $\frac{l_0}{h}$ 单线坐标刻度。

7.7.2　诺模图的绘制

取一对称配筋的矩形混凝土截面，纵向钢筋与截面近边缘的距离 $a_s=0.1h$，钢筋为 HRB500($f_y=435\text{N/mm}^2$)，$E_s=2\times10^5\text{N/mm}^2$，$\varepsilon_y=2.175‰$。选择轴压比 n 为 −2.6～−0.1 的 18 个值，按照 7.7.1 节的方法绘制图形Ⅰ和图形Ⅱ。取图 7.8 中的 $\phi_0=0.008$，按照 7.7.1 节绘制 $\frac{l_0}{h}$ 非线性的单线坐标刻度。

如图 7.9 所示，在坐标系 1 区域，可绘制出 18 条 n 不变的 $\frac{e_{tot}}{h}$-ω 曲线。在坐标系 2 区域，可绘制出 18 条 n 不变的 $\frac{e_{tot}}{h}$-ϕ_u 曲线，其中 n 为 −0.1、−0.2、−0.3 和 −0.4 的 4 条曲线重叠为一条，由式(7.6)可知 $n\geqslant-0.4$ 时的曲线均重叠为一条直线 $\phi_u=\phi_{cr}$，由式(7.5)计算得

$$\phi_{cr}=\frac{(3.3+\varepsilon_y)\times10^{-3}}{1-\frac{a_s}{h}}=\frac{(3.3+2.175)\times10^{-3}}{1-0.1}=0.00608$$

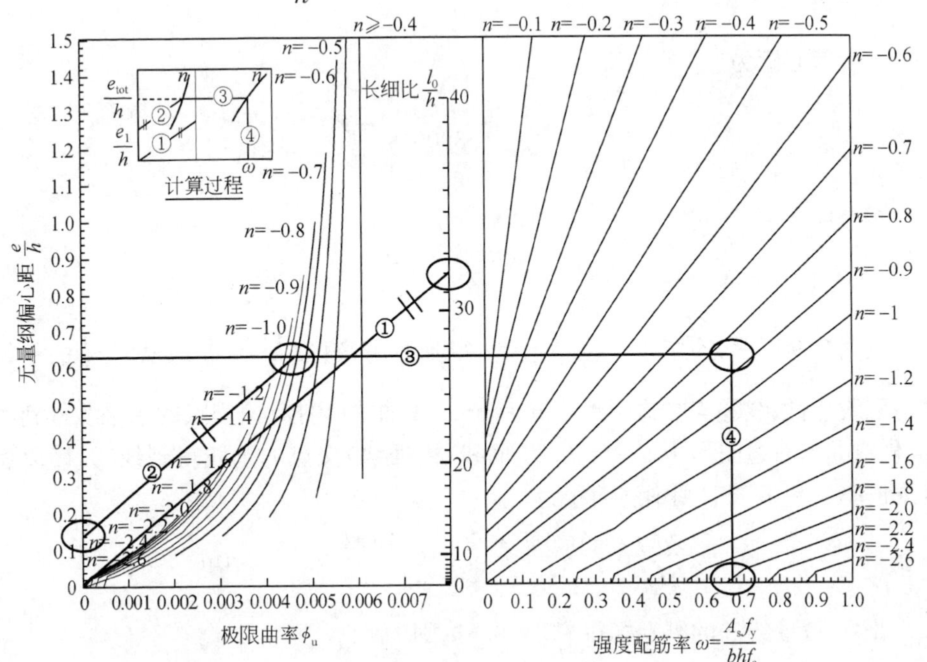

图 7.9　手算设计的诺模图

采用图 7.9 来进行考虑二阶效应的钢筋混凝土柱的配筋设计。首先,计算三个基本变量:长细比 $\frac{l_0}{h}$ 、一阶偏心距 $\frac{e_1}{h}$ 和轴压比 n。

然后,通过尺子在图 7.9 做 4 条辅助线,可得到配筋率,具体过程为:由 $\frac{l_0}{h}$ 得到线①,通过 $\frac{e_1}{h}$ 的位置(图 7.8 中的 A_1 点)做线①的平行线,得到线②;由 n 值得到线②与 $\frac{e}{h}$-ϕ_u 曲线的交点(图 7.8 中图形Ⅱ的 A_2 点),做该交点的水平线,得到线③;由 n 值得到线③与 $\frac{e}{h}$-ω 曲线交点,得到线④,进而确定配筋率。

7.7.3 诺模图的应用和对比

已知:有侧移钢筋混凝土矩形柱,混凝土 C30($f_c=14.3\text{N/mm}^2$),纵筋 HRB500,截面面积 500 mm× 500mm,$a_s=50\text{mm}$($h_0=450\text{mm}$)。考虑柱端约束、侧移等因素后,柱的等效计算长度 $l_0=16\text{m}\left(\frac{l_0}{h}=32\right)$,压力 $N=-3000\text{kN}$,弯矩 $M=150\text{kN}\cdot\text{m}$。

1. 采用诺模图计算

一阶偏心距为

$$\frac{e_1}{h}=\frac{-\frac{M}{N}+e_a}{h}=\frac{\frac{150\times10^3}{3000}+20}{500}=0.14$$

轴压比为

$$n=\frac{N}{bhf_c}=-\frac{3000\times10^3}{500^2\times14.3}=-0.84$$

如图 7.9 所示,连接原点和 $\frac{l_0}{h}=32$ 得到线①,通过 $\frac{e_1}{h}=0.14$ 做线①的平行线得到线②,做线②与左边图形中 $n=-0.84$ 曲线(内插法)交点的水平线得到线③,做线③与右边图形中 $n=-0.84$ 曲线(内插法)交点的垂线得到线④,读取强度配筋率 $\omega=0.665$,则钢筋面积为

$$A_s=\frac{\omega bhf_c}{f_y}=\frac{0.665\times500^2\times14.3}{435}=5465\ \text{mm}^2$$

此外,读取线③的纵坐标得 $\frac{e_{tot}}{h}=0.63$,则

$$M_{tot}=-Ne_{tot}=3000\times0.63\times0.5=945\ \text{kN}\cdot\text{m}$$

2. 采用《混凝土规范》计算

(1)按照《混凝土规范》第 6.2.3 条和第 6.2.4 条计算挠曲二阶弯矩，曲率修正系数 $\zeta_c=1$，弯矩增大系数为

$$\eta_{ns}=1+\frac{\zeta_c h_0}{1300\left(\dfrac{M}{N}+e_a\right)}\left(\frac{l_0}{h}\right)^2=1+\frac{1\times 450\times 32^2}{1300\left(\dfrac{150\times 10^3}{3000}+20\right)}=6.06$$

总弯矩 $M_{tot}=\eta_{ns}M=6.06\times 150=909\ \text{kN}\cdot\text{m}$

(2)按照《混凝土规范》第 6.2.17 条偏心受压构件进行配筋设计：

$$e_i=\frac{M_{tot}}{N}+e_a=\frac{909000}{3000}+20=323\ \text{mm}$$
$$>e_{ob,\min}=0.422\times 450=189.9\ \text{mm}$$

且

$$N_b=\alpha_1 f_c b\xi_b h_0=1\times 14.3\times 500\times 0.518\times 450\times 10^{-3}$$
$$=1667\text{kN}<\gamma_0 N=3000\text{kN}$$

属于小偏心受压。

(3)按照《混凝土规范》中式(6.2.17-3)，有

$$e=e_i+0.5\times h-a_s=323+0.5\times 500-50=523\ \text{mm}$$

按照《混凝土规范》式(6.2.17-8)，有

$$\xi=\frac{N-\xi_b\alpha_1 f_c bh_0}{\dfrac{Ne-0.43\alpha_1 f_c bh_0^2}{(\beta_1-\xi_b)(h_0-a'_s)}+\alpha_1 f_c bh_0}+\xi_b$$

$$=\frac{3\times 10^6-0.518\times 1\times 14.3\times 500\times 450}{\dfrac{3\times 10^6\times 523-0.43\times 1\times 14.3\times 500\times 450^2}{(0.8-0.518)(450-50)}+1\times 14.3\times 500\times 450}+0.518$$

$$=0.633$$

按照《混凝土规范》中式(6.2.17-7)，有

$$A_s=\frac{Ne-\xi(1-0.5\xi)\alpha_1 f_c bh_0^2}{f_y(h_0-a_s)}$$

$$=\frac{3\times 10^6\times 523-0.633\times(1-0.5\times 0.633)\times 1\times 14.3\times 500\times 450^2}{435(450-50)}$$

$$=5417\text{mm}^2$$

3. 两种方法的对比

采用诺模图计算得到的总弯矩 M_{tot} 与《混凝土规范》方法之比为：945 ÷ 909＝1.04，两种方法计算结果偏差在 5％以内。《混凝土规范》方法偏小的原因主要在于：其曲率折减是按反比函数进行的，该函数与实际曲率的凹凸方向是相反的(图

7.4)，ω =0.665 的精确曲线介于 ω =0.6 和 ω =0.8 之间，当 n =－0.84 时，《混凝土规范》曲率折减过大，因而计算结果偏小且偏于不安全，而采用线性折减(图 7.5)，其折减函数介于《混凝土规范》折减函数与实际曲率之间，更接近实际曲率分布，当 n =－0.84 时，对曲率的折减比《混凝土规范》的相对要小。

采用诺模图计算的最大优点是步骤少，操作简单，为设计工作带来了方便。

7.8 本章小结

本章推导了一种手算设计方法(图 7.9)，通过构思 3 个坐标系，将非线性方程组所有可能的解以诺模图的方式表示，即将长细比、极限曲率、一阶偏心距、总偏心距、配筋率和轴压比 6 个变量之间的非线性力学关系表现在二维的平面图形中，该图实现了钢筋混凝土柱的二阶弹塑性的简单计算。

(1)采用由应变计算内力的逆算方法，计算截面抗力和极限曲率，计算过程中完整地利用了混凝土和钢筋的本构关系曲线，没有迭代和收敛精度带来的误差，基于这一点来说，是精确解。

(2)极限曲率的计算涉及材料非线性和几何非线性。大偏心受压柱，轴压比越小，由侧移产生的弯矩作用越小，采用一定值来估计极限曲率。小偏心受压柱，只能达到上部钢筋的单侧受压屈服，因此，需要对极限曲率进行折减，来考虑下部钢筋未屈服对极限曲率的影响，折减系数需考虑强度配筋率 ω 的影响(图 7.5)。

(3)通过对比和分析精确算法和《混凝土规范》的近似计算方法，提出更为合理的极限曲率 ϕ_u 简化公式[式(7.6)]。

(4)通过图 7.7 的对比分析，本书第 5～7 章三种精度不同的方法的计算结果呈现出较好的一致性。

(5)对于考虑二阶弹塑性的钢筋混凝土柱配筋设计，采用诺模图计算简单高效，不用求解方程，没有复杂的计算过程，不用判断大、小偏心受压，一张图适用于 C50 以下任意强度等级的混凝土(图 7.9)。仅需 3 个基本变量$\left(\text{长细比}\frac{l_0}{h}\text{、一阶偏心距}\frac{e_1}{h}\text{、轴压比}\ n\right)$和在图形中做 4 条辅助线，便可以得到强度配筋率 ω。

参考文献

[1] 陈旭，周东华，韩春秀，等．钢筋混凝土柱稳定问题的图算法[J]．工程力学，2015，32(10)：106—113，137.

[2] 王传志，腾智明．钢筋混凝土结构理论[M]．北京：中国建筑工业出版社，1985.

[3] Quast U. (Stability of Compression Members) Concrete Framed Structures- Stability and Strength[M]. London：Elsevier Applied Science Publishers，1986.

[4] Park R，Pauley T. 钢筋混凝土结构(上)[M]．秦文钺译．重庆：重庆大学出版社，1985.

[5] 陈家夔,崔锦．关于修改我国钢筋混凝土结构设计规范(TJ10－74)中偏心距增大系数 η 值的建议[J]. 西南交通大学学报,1982,(3):13—28.
[6] CEB FIP. 压屈和失稳手册(Manual of Buckling and Instability 1978)[M]. 陆竹卿等译．成都:西南交通大学科技情报研究室,1983.
[7] 莱昂哈特 F,门希 E. 钢筋混凝土结构设计原理[M]. 程积高等译．北京:人民交通出版社,1991.

第8章 总 结

整体结构-杆件的两阶段分析是结构分析的经典思路。一是整体上按照弹性理论计算内力,并将杆件从整体结构中剥离出来,以计算长度系数来考虑影响结构稳定的各种因素。二是将整体分析得到的柱端内力作为荷载,考虑材料和几何双重非线性,在杆件上采用二阶弹塑性方法来确定极限荷载,再进行截面设计或验算。

本书主要对第二阶段进行了一些努力和尝试。以等偏心受力的两端铰支钢筋混凝土柱为研究对象,采用理论推导方式,运用数值和解析方法,考虑二阶效应和弹塑性,从截面和杆件两个层次推导钢筋混凝土柱承载力计算的多种计算方法,其中的诺模图方式实现了钢筋混凝土柱承载力的简单计算。

在研究过程中,利用计算结果绘制了许多曲线,作用一是反映截面或杆件随参数变化时的受力现象,二是揭示各变量之间相互依存和变化的规律,三是通过曲线族变化规律的合理性和曲线间的逻辑关系来判断各章计算方法的正确性。

1. 截面承载力的计算

在截面上采用由应变求内力的逆算方法,该方法的最大优点是无需迭代,为解析法的推导提供了可能。首先确定截面可能应变分布,得到用于计算截面极限承载力的可能应变分布(图 2.6),以及用于计算截面弯矩-曲率关系的截面的可能应变分布(图 4.1),按照混凝土和钢筋弹塑性的本构关系曲线,根据平衡条件和变形协调条件推导钢筋混凝土矩形和圆形截面承载力的算法。通过引入一些中间计算参数,推导了钢截面矩形和工字形弯矩-曲率关系的解析算法,以及钢筋混凝土矩形截面弯矩-曲率关系的解析算法。运用计算机语言编程,将结果绘制成曲线图,这些曲线反映了钢筋混凝土截面在内力耦合和材料非线性作用下轴力、弯矩和变形(曲率)的变化规律。

(1)采用无量纲形式[式(2.11)]得到截面轴力-弯矩相关曲线(图 2.9、图 2.19和图 2.21)、圆形和环形纯弯截面的配筋计算表格(表 2.1 和表 2.2)。这些图表具有通用性,涵盖了所有的受力情况(轴心受拉、偏心受拉、纯弯、大偏压、小偏压和轴心受压),还可用于任意截面尺寸和 C50 及以下各种强度等级的混凝土。从截面的轴力-弯矩相关曲线可以看出,截面的极限承载力与配筋率显著相关,配筋率越大,截面强度越大。

(2)对于矩形和工字形钢截面,由轴力不变时的弯矩-曲率关系曲线(图 3.8)、轴力-弯矩相关曲线(图 3.9)和曲率不变时的轴力-弯矩曲线(图 3.10),可以看出:轴力对弯矩-曲率关系的影响是很大的,轴力的存在或增加使截面较早、较快地进入塑性阶段,从而使弯矩承载力降低,轴力的这一影响在不同的截面形式下表现也不同,工字形截面比矩形截面受到的影响更为不利。

(3)对于钢筋混凝土矩形截面,由轴力不变时的弯矩-曲率曲线(图 4.8)、曲率不变时的轴力-弯矩曲线(图 4.9)和线性曲率变化时的轴力-弯矩曲线(图 4.10),可以看出:

①轴力对弯矩承载力有很大影响,通常情况下钢筋混凝土截面与钢截面类似,轴力的存在是不利的,轴力使弯矩承载能力降低,然而在小纵向压力情况下,轴力的存在是有利的,随着轴压力的增加,弯矩承载力略有提高(图 4.8)。

②轴力对曲率同样有很大影响,轴向拉力增加,延性系数增大,但极限曲率变化不大;轴向压力增加,延性系数有减有增,但极限曲率却大幅度减小。这也是抗震设计时要限制轴压比的原因所在。在大轴压比作用下,截面延性显著变差。曲率越大,轴力-弯矩值越接近截面极限承载力。

③采用《混凝土规范》中的曲率极限值 ϕ_{mu}(混凝土应变 $\varepsilon_{cu}=-3.3‰$,钢筋应变 $\varepsilon_s=\varepsilon_y$)能满足轴力-弯矩的计算精度要求,因为 ϕ_{mu}的继续增加并未带来弯矩和轴力承载力的进一步增加,反而略有降低,表明 $\phi=\phi_{mu}$曲率对应的 m-n 值已接近极限值(图 4.9)。

2. 柱承载力的计算

基于截面上的解析方法,在杆件上推导了三种具有不同精度的方法来分析和计算钢筋混凝土柱的二阶弹塑性性能,分别是第 5 章改进 Newmark 法、第 6 章图解分析和计算方法以及第 7 章直接用于手算的诸模图,运用计算机语言编程,利用计算结果可以得到杆件的轴力-弯矩相关曲线,还可直接用于细长柱的配筋设计和强度验算。计算结果表明:

(1)挠度曲线的形状几乎接近于正弦曲线(图 5.5),因而两端铰接柱子的挠度曲线可以近似为正弦曲线。长细比对钢筋混凝土柱二阶弹塑性性能影响显著,长细比越小,曲线越接近截面承载力曲线,长细比越大,曲线由截面承载力曲线的退缩越大,极限承载力越小(图 5.9)。

(2)钢筋和混凝土应变的限制条件,使截面极限状态的切线刚度远大于 0,因而在轴压比较大时,长细比在很大范围内变化都可能出现柱的强度破坏。对于双侧配筋的钢筋混凝土矩形柱,可以近似地认为二阶极限承载力等于截面极限承载力。这一假设只有在极少数情况下不成立,如长细比非常大且偏心矩非常小的情况(图 6.4)。

(3)大偏心受压柱,轴压比越小,由侧移产生的弯矩作用越小,采用一定值来估计极限曲率。小偏心受压柱，只能够达到上部钢筋的单侧受压屈服，需要对极限曲率进行折减，来考虑下部钢筋未屈服对极限曲率的影响，折减系数需考虑强度配筋率 ω 的影响(图 7.4)。由此提出了更为合理的极限曲率的简化模型[式(7.6)]。

(4)对于考虑二阶弹塑性的钢筋混凝土柱配筋设计，采用诺膜图(图 7.9)简单高效，不用求解方程组，没有复杂的计算过程，不用判断大小偏心受压，一张图适用于 C50 以下任意强度等级的混凝土。仅需 3 个基本变量和在图形中做 4 条辅助线，便可计算配筋率。

3. 本书的一些新颖之处

(1)采用轴力、弯矩、曲率、配筋率等的无量纲形式，消除了截面尺寸和混凝土强度等级等参数对计算结果的影响，使计算结果更具一般性。

(2)得到了适用于我国的钢筋混凝土截面承载力极限状态所有可能的 5 个应变区域(图 2.6)，这些应变与极限轴力-弯矩是一一对应的关系，因而无需迭代便可直接由这些应变计算截面承载力，同时，给出钢筋混凝土矩形截面和圆形截面的计算过程，可用于截面强度验算和短柱的配筋设计。

(3)基于由应变计算内力的逆算方法，推导了新的计算截面弯矩-曲率关系的解析法，给出了矩形钢截面、工字形钢截面和钢筋混凝土矩形截面的解析表达式和计算过程，剖析了轴力-弯矩-曲率三变量相互依存和变化的全貌。

(4)改进了现有的钢筋混凝土柱二阶弹塑性计算的数值方法，即改进 Newmark 法，得到柱的挠度曲线、荷载-挠度曲线和轴力-弯矩相关曲线，相对于有限元方法，该方法操作更为简单，为设计人员提供了一种精度高的机算设计途径。

(5)提出了一种新的钢筋混凝土柱二阶弹塑性计算的图解分析和计算方法，在弯矩-曲率的二维图形中直观地表示了材料和几何非线性的双重作用，采用分级加载方式能够同时得到荷载-挠度曲线的上升段和下降段，为设计人员提供了一种精度和效率俱佳的机算设计途径。

(6)提出了考虑配筋率影响的钢筋混凝土截面极限曲率计算的简化模型[式(7.6)]。推导了钢筋混凝土柱二阶弹塑性计算的诺模图，仅需计算 3 个基本变量和在图形中做 4 条辅助线，就可以进行细长柱的配筋设计和强度验算，为设计人员提供了一种实用简单的手算设计工具(图 7.9)。

4. 展望

本书属于混凝土结构和构件的基础理论研究，考虑了最基本情况。因此，若考虑实际工况，还可进行以下研究：

(1)研究钢筋混凝土柱在正常使用条件下的二阶弹塑性性能，如考虑长期荷载作用下混凝土的徐变的影响，混凝土或预应力混凝土的拉伸硬化作用。

(2)双向压弯、压弯扭耦合作用下钢筋混凝土柱的二阶弹塑性性能。

(3)其他截面类型柱的二阶弹塑性性能，如钢筋混凝土圆形柱、钢管混凝土组合柱、FRP 柱等。

(4)风荷载或地震作用等循环荷载作用下柱的二阶弹塑性性能。

5. 应用前景

在实际工程中，设计人员专业素养的差别性，导致了对设计工具复杂程度的差异化需求。为此，对钢筋混凝土偏心受压柱二阶弹塑性计算提供了 3 个设计水平的设计工具。

1) 水平一(直接的手算工具)

第 7 章提供的诺模图，这是简化的计算方法，且简化是安全的，可以用于估计计算结果，对使用者要求低。

2) 水平二(精确较高的机算工具)

第 6 章提供的图解方法，更少的简化因而结果更加精确，借助计算机完成，具有很高的效率，输入、输出简单，对使用者要求较低。

3) 水平三(精度高的机算工具)

第 5 章提供的分段的数值积分法，具有更高的精度，借助计算机完成，相对于有限元法效率更高，对使用者要求不高。

此外，对于一些简单构件如公路桥梁工程的墩柱，本书的方法可直接使用。推导的解析方法，可作为有限元程序的测试实例。